高堆尾矿坝稳定控制及环境保护技术

郭振世 著

黄河水利出版社
·郑州·

内 容 提 要

本书系统地介绍了矿山高堆尾矿坝的沉积特性和物理力学特性、高堆尾矿坝渗流控制研究，高堆尾矿坝静动力稳定性研究，尾矿坝排渗体淤堵对坝体稳定性的影响，高堆尾矿坝加固及延长服务年限技术，尾矿库水土流失、离子迁移预测及环境保护的研究与实践，以及国内外尾矿坝安全控制技术的发展现状，国内外高堆尾矿坝和国内尾矿库安全管理概况。

本书可供从事矿山尾矿库工程研究、矿山设计、管理的科技人员和高等院校岩土、环境、矿山选矿等专业的研究生参考。

图书在版编目(CIP)数据

高堆尾矿坝稳定控制及环境保护技术/郭振世著.
郑州:黄河水利出版社,2009.12
ISBN 978-7-80734-628-9

Ⅰ.①高… Ⅱ.①郭… Ⅲ.①尾矿坝-稳定控制
②尾矿坝-环境保护 Ⅳ.①TV649

中国版本图书馆CIP数据核字(2010)第009158号

组稿编辑:李洪良　　电话:0371-66024331　　E-mail:hongliang0013@163.com

出 版 社:黄河水利出版社
地址:河南省郑州市顺河路黄委会综合楼14层　　邮政编码:450003
发行单位:黄河水利出版社
发行部电话:0371-66026940、66020550、66028024、66022620(传真)
E-mail:hhslcbs@126.com
承印单位:河南地质彩色印刷厂
开本:787 mm×1092 mm　1/16
印张:10
字数:232千字　　印数:1—1 300
版次:2010年3月第1版　　印次:2010年3月第1次印刷

定价:25.00元

前　言

尾矿坝是堆存金属及非金属等矿山选矿废弃物的构筑物，其数量及坝体高度随国家对矿产资源的巨大需求而快速增加。但是，尾矿坝溃坝造成人员伤亡和有害污染物下泄的事故屡屡发生，给人民生命财产造成巨大损失，对环境安全构成严重威胁。因此，尾矿坝的稳定及加固技术等已成为各国政府、矿山企业和学术界所关注的重大课题。本研究结合工程实践，在高堆尾矿坝物理力学指标变化规律、高堆尾矿坝三维渗流控制优化、高堆尾矿坝三维静动力稳定性、尾矿坝排渗体淤堵对坝体渗透稳定性影响、尾矿坝加高扩容关键技术研究、尾矿库环境保护研究及应用等方面进行了认真探索，并将其研究结果应用于尾矿坝加高、加固实践，得到如下主要结论：

（1）通过深钻孔勘探揭露及多种原位测试结果分析表明：高堆尾矿坝深部的干密度指标要显著高于浅部，堆积坝体同一空间位置，同样埋深下干密度指标随时间明显增加，渗透系数浅层降低约6倍、深层降低约12倍；提出了高堆尾矿坝稳定性分析中可按前期、后期分区统计选取力学指标的观点并用于实践。

（2）依据实测坝体勘探剖面，首次分区采用渗透系数，拟合实际排渗设施反演分析，建立三维非均质各向异性渗流数学模型，并预测分析坝体加高后渗透安全需要的排渗设施形式和数量。根据当前坝高及规划加高坝体在已建立的排渗系统作用下的渗控结果，对规划坝高增设排渗设施等多种渗流控制布置，经计算与分析，提出规划坝高时渗流控制的优化布置。

（3）开展了三维静动力的稳定分析、地震参数复核及人工合成尾矿坝场地地震动加速度时程曲线，为动力分析提供了符合现场的地震参数。采用基于有效应力法的EFES－3D计算程序，对加高后的坝体应力应变场进行了数值模拟和坝坡稳定性分析，得出应力应变场分布和液化评价，提出了三维静动力稳定安全系数计算方法。

（4）开展了尾矿坝排渗体淤堵机理的现场和室内试验，分析了排渗体淤堵程度对渗透稳定性的影响。排渗效率不小于70%，坝体浸润线可满足安全要求。提出并实践了防治淤堵的工程技术措施。

（5）提出并实施了大口辐射井—水平孔—插板立体排渗降低浸润线及综合法加高加固坝体等关键技术且得到推广应用，提高尾矿坝体安全性，提高尾矿库充填系数。

（6）对高堆尾矿坝的水土流失、离子迁移进行了分析预测，提出了环境保护措施。

（7）介绍了国内外尾矿坝安全控制技术的发展现状，国内外高堆尾矿坝和国内尾矿库安全管理概况。

本书是在作者主持完成的“金堆城栗西尾矿库延长服务年限及环境保护”科研及实践的基础上完成的。围绕整体项目与西安理工大学、上海交通大学、河海大学、长安大学、马鞍山工程地质勘察研究院、中国恩菲工程技术有限公司(原北京有色设计总院)、陕西省地震局等单位密切协作,完成了相关的勘探、试验、计算、设计研究,在此致以衷心的感谢!

感谢仵彦卿教授、田文旗教授级高工、享受国务院特殊津贴的韩利民专家等多年来对作者学习、研究工作的指导和支持。

感谢金堆城钼业集团有限公司的领导及同事的大力支持和帮助。

本书引用了许多文献的内容,在此向这些文献的作者表示衷心的感谢。

由于作者水平有限、时间紧,本书难免有错误和不当之处,敬请读者不吝指正。

作 者

2009 年 11 月

目　录

第1章 绪 论

1.1 研究目的及意义

尾矿库是冶金、有色、建材、核工业、化工等行业储存尾矿及澄清水的重要生产设施，同时又是重要的安全环保设施。尾矿库作为特殊水工构筑物，跨及尾矿库设计、基建和运营、闭库和土地恢复、后期污染治理、植被和生物演替、生态环境平衡的全过程，少则数十年，多则数百年，在一定意义上是本身并不创造价值的公益性工程。目前，国内大型尾矿库大多处于服役中后期，尾矿坝普遍存在扩容加高趋势。随着大规模矿业开发，高坝大库迅速增多。由于尾矿坝稳固、污染控制等技术发展还不能适应矿物工业的发展，业已显露出或预示出潜在的工程灾害和环境污染问题：尾矿坝破坏或溃坝致使矿浆宣泄，固体物迁移，造成严重灾害；尾矿库渗漏对地下水及地表水体污染等[1]，并且随着尾矿库高坝数量迅猛增加，这种问题显得更加突出。

全世界每年采出金属和非金属矿石、煤、石材、黏土、砂砾约90亿t，相应排弃废石和尾矿约300亿t[2]。采用尾矿坝堆存处理尾矿仍是目前主要的处理方法，由于尾矿量的不断增加以及可利用土地资源量的日益减小和单位土地资源价值的不断上升，使得尾矿坝容量不断增大，坝体不断增高。同时，由于尾矿坝规模较庞大且以含有重金属等污染物质的尾矿为主要组成部分，一旦发生溃坝等事故，除造成人员伤亡和财产损失外，往往还会造成严重的环境污染，因此确保尾矿坝的安全与环保正日益成为广受关注且富有挑战性的研究领域。

1.2 我国尾矿库基本情况及国内外尾矿库事故分析

1.2.1 尾矿及尾矿库分类

尾矿是金属或非金属矿山开采的矿石经选矿厂选出有价值的精矿后产生砂一样的“废渣”，一般以矿浆状态排出，以堆存方式处理。

尾矿库是指在山谷口部或洼地的周围筑坝，将金属和非金属矿山进行矿石选别后的尾矿或其他工业废渣排入其内进行沉淀的储存场所。根据地形不同，常见的有以下三种类型[3]：

(1)山谷型尾矿库。山谷型尾矿库是在山谷谷口处筑坝形成的尾矿库，我国大中型尾矿库大多属于这种类型。

(2)平地型尾矿库。平地型尾矿库是在平地四周筑坝围成的尾矿库，国内平原地区或沙漠地区多采用这类尾矿库。

(3)傍山型尾矿库。傍山型尾矿库是在山坡脚下依山筑坝所围成的尾矿库，由于库区纵深较短，澄清距离及干滩长度受到限制，后期堆筑坝高度一般不高，库容较小。

1.2.2 尾矿坝类型

(1)上游式尾矿堆坝。该筑坝方法的特点是堆积坝顶中心线位置不断向初期坝上游方向移升，坝体由流动的矿浆自然沉积而成。

(2)下游式尾矿堆坝。下游式尾矿堆坝采用水力旋流器将尾矿分级，溢流部分(细粒尾矿)排向初期坝上游方向沉积；底流部分(粗粒尾矿)排向初期坝下游方向沉积。

(3)中线式尾矿堆坝。中线式尾矿堆坝在筑坝过程中坝顶沿轴线垂直升高，堆坝尾矿仍采用水力旋流器分级，坝体的稳定性基本上具有下游式的优点，一般具有良好的抗震性。

(4)高浓度尾矿堆坝(圆锥式筑坝)。该方法是近年来在国外兴起的一种尾矿堆积方法，将尾矿浆浓缩到60%以上的浓度，由砂泵输送到尾矿堆积场的某一部位集中排放。目前，高浓度尾矿堆坝法在我国尚处于研究阶段。

(5)水库式尾矿堆坝。该法不用尾矿堆坝，而是用其他材料像修水库那样修建大坝。这种尾矿库和一般蓄水的水库工作条件基本相同，但坝前水位升降变化幅度较小，尾矿堆积是逐步推进的。

(6)干堆式尾矿堆坝。该方法是近年来兴起的一种尾矿堆存方法。首先对尾矿进行压滤，压滤后的尾矿采用干排干堆方式储存，通常在后期坝外坡及库后沉积滩覆土种草，防止扬尘、水土流失，同时绿化保护环境。

1.2.3 我国尾矿库基本情况

据国家相关部门不完全统计，截至2008年12月31日，我国共有尾矿库12 655座，占世界尾矿库总数的一半以上。二等以上尾矿库163座，占1.29%；三等尾矿库626座，占4.95%；四等尾矿库2 327座，占18.39%；五等尾矿库9 538座，占75.37%。我国尾矿库具有以下特点：①数量多，规模小；②普遍采用上游式筑坝；③尾矿库安全度低[4]；④尾矿库下游居民多。

尾矿库与水库主要有以下差异：

(1)坝址选择的局限性。矿山企业在修建尾矿库进行选址时，首先要求靠近选矿厂就近排放，这就决定了其坝址难作过多的选择。常选择靠近山坡、山谷等坡度较大处，这就形成高势能的危险源。

(2)生产过程的多变性。生产过程中产量、矿石性质、排放位置、泄洪高程是随生产而发生变化的，建设过程长达几年到数十年。

(3)尾矿坝的复杂性。大多数上游式尾矿堆坝采用水力充填筑坝的工艺，决定了坝体为非均质各向异性的散粒体，并且坝体浸润线高，抗震性能差，一旦控制不当就会产生渗透破坏。

(4)生产管理的差异性。生产、设计、施工企业的性质、规模以及具体参与者的素质参差不齐。

(5)社会影响大。尾矿库不仅关系着企业的生产安全和经济效益，而且对其下游人民生命、财产也影响巨大。

1.2.4　国内外尾矿库事故分析

尾矿库是一种特殊的工业构筑物，它的服务期也是整个尾矿库的施工期、尾砂坝的生产期，这个过程很漫长，少则5年、10年，多则几十年。国际大坝委员会（ICOLD）和它的美国机构——USCOLD在1994年出版的尾矿坝事故调查结果中，综述了1917～1989年间发生的185起尾矿坝事故，包括决堤、渗漏和其他因不符合设计标准的性能而引发的事故。美国环境计划署（UNEP）在1996年完成了1990～1996年间的尾矿坝事故的调查研究（UNEP，1996），USCOLD（1994）及补充性的UNEP（1996）调查报告共提供了211起尾矿坝事故，这211起事故只是1917～1996年间所发生的尾矿坝事故的一部分[5-14]。

由于尾矿库的垮塌而造成的灾害事故，在国内外时有发生，损失惨重，教训亦非常深刻。例如：1997年10月22日，美国BHP铜业公司的尾矿坝边坡失稳，导致23万m^3尾矿下泄；1998年4月25日，加拿大Boliden有限公司的尾矿坝由于基础薄弱导致事故，致使400万～500万m^3矿浆泄漏，数千公顷农田被淹没；2000年1月3日，罗马尼亚Aurul S. A尾矿坝发生泄漏，10万m^3含有氰化物的污水流入多瑙河支流蒂萨河，致使饮用水受到污染，200万人处于饥渴之中；2003年，智利Cia Minera Cerro Negro尾矿坝失事，5万t矿渣污染了瑞拉·利戈拉河下游；2004年11月30日，加拿大Teck Corninco Ltd汞尾矿坝坍塌，8 000多m^3尾矿泄漏进入Pinchi湖。图1-1为国外尾矿坝事故类型汇总。

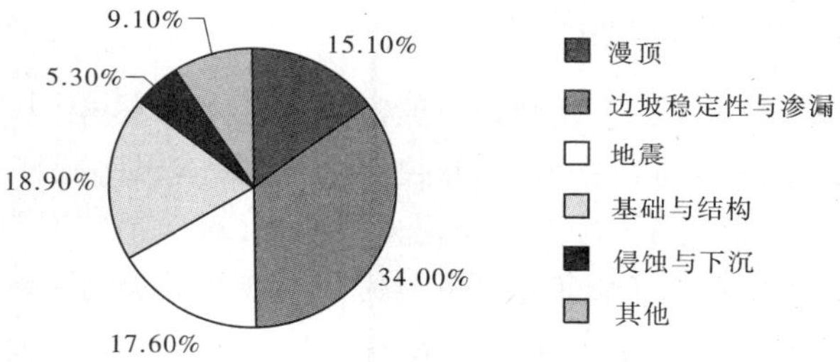

图1-1　国外尾矿坝事故类型汇总

在国内：2008年9月8日，中国山西襄汾新塔矿业有限公司尾矿库发生特大垮坝事故，尾砂流失约20万m^3，沿途带出大量泥沙，流经长度达2 km，最大扇面宽度约300 m，过泥面积30.2 hm^2，遇难人数276人，为有报道的最大的尾矿库溃坝事故。造成该起事故的直接原因是：①堆积外边坡过陡（只有1∶1.3～1∶1.4）；②干滩距离过短，尾矿库超蓄尾矿水；③在坡面浸润线出溢的情况下，没有及时采取科学降低浸润线或反滤贴坡措施，错误地用黄土贴坡堵水，形成阻水斜墙，导致浸润线快速抬高，坝体边坡失稳导致溃坝[15]。1962年9月26日，云南锡业公司火谷都尾矿库发生尾矿坝溃决事故，造成171人死亡，近8 200❶亩农田被冲毁淹没；1986年4月30日，发生在安徽黄梅山铁矿尾矿库的溃坝决口，造成19人死亡、95人受伤[16]；2000年10月18日，广西南丹县鸿图选矿厂发生尾矿库垮坝事故，造成28人死亡，直接经济损失340万元；2006年4月30日，陕西省镇安县黄

❶ 1亩=1/15 hm^2。

金矿业有限公司在第六次对尾矿坝加高时导致溃坝，造成17人死亡、5人受伤，超标氰化物污染了下游河道5 km。图1-2为国内尾矿坝事故类型汇总。

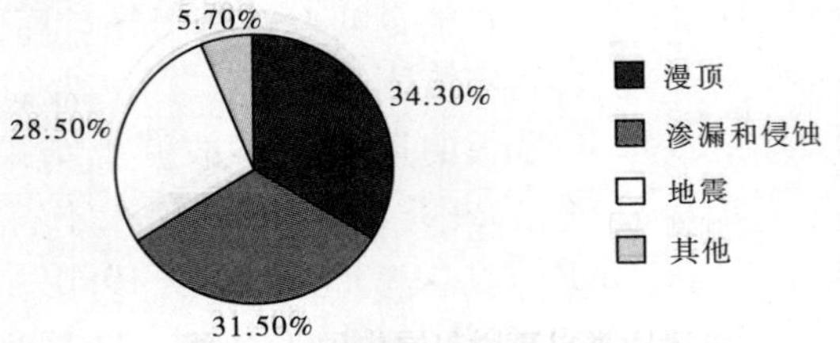

图1-2　国内尾矿坝事故类型汇总

就全世界而言，尾矿库工程由于渗流、滑坡、漫顶、地震等原因造成的灾害频频发生，Davies和Martin(2000)[14]估计全世界处于使用期的尾矿库，年重大决堤事故的发生概率约为1‰，而小的决堤事故发生的概率约为1%，相比之下常规土筑坝的蓄水坝发生大灾难的可能性只有万分之一。尾矿库工程已成为各国政府、矿山企业和学术界所关注的重大课题，因此对高堆尾矿坝稳定性问题、环境保护问题及目前普遍存在的扩容加高等相关理论和技术难题进行研究具有重要的社会意义和经济意义。

1.3　国内外研究现状及发展趋势

1.3.1　尾矿坝现场勘探与试验研究

尾矿坝作为一种特殊的水工建筑物和一般的挡水土坝不尽相同，主要区别在于其运营期间坝体断面一直在变化，延续数年甚至数十年，坝的体积比同样坝高下的土坝大得多。所以，弄清尾矿坝的尾矿沉积特性及物理力学特性，对于尾矿坝稳定性评价及扩容加高的可能性具有重要的意义。国家有关规范对此进行了专门规定，要求在尾矿坝堆高达到设计高度1/2～2/3时，必须对尾矿坝进行勘探。

20世纪80年代初期的金堆城木子沟尾矿坝勘察及南芬小庙沟尾矿坝勘察是我国较早进行的较为系统的尾矿坝勘察。武钢大冶白雉山尾矿库、德兴2#尾矿库、峨口1#尾矿库等相继开展了尾矿坝勘察[17,18]。尤其是冶金部建筑研究总院和加拿大阿伯塔大学、不列颠哥伦比亚大学组成的中加合作研究组，1989～1993年在深入研究唐山地震特征、坝体震害表现的基础上，选择有代表性的大石河尾矿坝，进行了全面系统的勘察、试验和计算分析，取得了一系列重要新成果[19,20]。

尾矿坝的形成和使用过程，跨越几十年甚至数百年，并且生产过程中具有断面不断增高变化的特点，目前国内外对尾矿坝进行渗流分析和稳定性分析时对同一类尾矿不考虑其埋深，更不考虑其随时间变化的因素，均采用一个或几个代表性的物理力学数值，采用这样的取值进行坝体渗流分析和稳定性分析结果与实际存在较大出入。苏联C·C·卡梅什尼克等[21]注意到尾矿堆积体随时间的变化规律。曹净等[22,23]通过对马家田尾矿库勘探对尾矿化学及沉积特征、尾矿砂土渗透系数与其埋深之间的关系进行了较为系统的研究。目前，尾矿坝勘探存在的主要问题有以下几个方面：

(1)尾矿坝各地层参数统计问题。尾矿坝属新近堆积的砂土,由于沉积部位、沉积时间、速率的不同,密实度有时相差较大,因此在勘察中除作一般性的研究外,更要注重场地砂土的不均匀性的研究(包括水平和垂直),在作砂土的物理力学指标统计时,若离散度不大,土质较均匀,其指标可分层统计,否则应分区分层进行统计[24]。

(2)由于室内室外试验本身存在的缺陷,应加强室内外测试新技术和施工监测、检测技术的使用。如钻孔取样的扰动,标准贯入试验国内外存在的差异等。针对这些问题可通过所获得的数据和资料,经过分析、对比,建立它们之间的经验关系,并通过检测获得实测资料,反算得到的参数作为对比依据,以确保提供参数的可靠性[25]。

(3)尾矿坝地层界面划分问题。钻探能够探测到深部地层的土层情况,钻探取样被广泛使用。但由于钻探费用较高,且在钻探中取样间距较大,存在以点带面划分带来的漏判、划分不准确的缺点。

近十几年来发展了一批集适时采集处理和软、硬件功能于一体的工程物探设备,可利用物探连续加密测点的方法获得连续的地质界面,从而有效地解决传统钻深手段以点带面划分地质界面时带来的漏判、划分不准确的缺点,并且可以解决传统勘探手段难以解决的诸多岩土工程问题。合理选择运用工程物探手段,与传统钻探技术相结合,可解决尾矿坝划界存在的问题[26]。

1.3.2 尾矿坝渗流稳定性研究

在饱和土渗流与变形研究方面,Terzaghi [26](1925)提出了有效应力原理,第一次揭示了饱和土体介质中水流与固体变形的关系,提出了一维固结模型(Terzaghi,1941),被广泛应用于岩土力学领域 。Biot[27](1941)提出了各向同性、线弹性、小变形条件下的三维固结理论。Zienkiewicz 和 Shiomi [28](1984)在 Biot 固结理论的基础上考虑了非线性问题,提出了改进的 Biot 公式。李锡夔等[29](1990)考虑了饱和土壤固结效应的土-结构相互作用问题。近年来,在饱和土流固耦合分析方面,岩土力学专家做了大量的研究工作。

在非饱和渗流与变形研究方面:Fredlund 于 1979 年提出了一维非饱和土固结理论,1993 年提出了三维非饱和土固结方程[30]。Alonso 等[31](1990)、李锡夔等(1990)、陈正汉[32,33](1993)、杨代泉[34](1992)等,在非饱和土固结理论方面均有重要贡献。

尾矿坝是用尾矿料堆积形成的坝体,沉积规律复杂,各区的渗透系数、固结度、密实状态差别较大,坝体中分布有多层细粒夹层,形成千层饼状的堆积体,渗流受细粒夹层透水性的控制等。

在尾矿坝渗流分析方面:柳厚祥等[35](2002)提出了考虑渗流场与应力场耦合的二维固结渗流分析方法;尹光志等[36](2003)利用 2D-FLOW 计算软件,对龙都尾矿坝初期坝按透水和不透水,考虑不同干滩面长度和不同降水量的情况进行了渗流场的数值模拟分析;赵坚等[37](2003)考虑了尾矿坝地质剖面概化及其对渗流场计算的影响;陈章友等[38](2004)考虑了不同固结状态和应力场对渗流场的影响;柳厚祥和李宁等[39](2004)根据弹性力学和渗流理论提出了渗流场和应力场耦合的力学模型及其控制方程,并首次导出了尾矿坝的渗透系数与应力场的关系式,对尾矿坝进行了非稳定渗流计算。前人在研究过程中取得了一系列重要的成果,并有力地推动了工程应用。但不同的研究者针对不同的研究目标作出了这样或那样的假定、简化,会和实际有一定距离,不可避免地存在着不同的问题。例如,考虑尾矿坝的固结渗流时利用的是 Terzaghi 固结理论或 Biot 固结理论,而尾矿坝的固结为大变形固结,应采用大变形固结理论;只考虑饱和区的渗流,未考虑非饱和区的渗流等。所以,还有必要对尾矿坝的渗透稳定问题进行研究。

1.3.3 尾矿坝动力稳定性研究

尾矿坝在地震作用下的动力稳定性研究始于 20 世纪 70 年代,大多数采用拟静力法的分析方法。总应力法直接依据土料室内试验所取得的割线剪切模量与等效阻尼比随应变幅值非线性变化曲线,通过多次迭代获取一个与某种应变水平相协调的等效线性体系,从而求得近似的非线性解答。国外比较流行的两种程序是美国加利福尼亚大学的QUAD -4 程序和 LUSH 程序[40]。前者的非线性分析,是在弹性的迭代计算中,每个单元计入与应变有关的剪切模量和阻尼比。这种方法就是所谓等效线形迭代法(即用等效线形模型)。LUSH 程序采用复数模量和复数反映分析方法,其他都与 QUAD -4 一样,是以等效线形迭代步骤为基础的[41]。国内的土石坝动力分析程序,大多以 QUAD -4 为基础。由于总应力分析方法不能考虑动荷载作用过程中孔隙压力的不断增长及由此而引起的平均法向有效应力的减小对剪切模量的影响,因而无法得到动荷载作用过程中孔隙水压力的增长规律和液化随时间的真实发展过程。为此,有效应力分析方法得到了人们的重视。有效应力原理的本质意义在于它揭示了土的强度和变形特性主要受有效应力的支配,因此其应用的关键问题是如何正确测算不同条件下土中孔隙水压力的产生、增长、扩散和消散规律。

振动荷载作用下土体中孔隙水压力消长规律的研究自黄文熙[42]和汪闻韶[43,44]做出开拓性的工作之后,至今已取得大量的科研成果,各国学者在不同试验的基础上,提出了很多考虑初始剪应力和孔压的产生,消散或扩散作用的应力模式,如徐志英等[45]、魏汝龙[46]、Finn[47]、C. S. Chang[48]、石桥等[49]、王志良等[50]、何广讷[51]、沈珠江[52]等。1975 年,Ishihara 等提出了孔隙水压力发展的有效应力路径模式[53]。

谢定义等[54,55]在 1987 年提出了孔压的瞬态模式。他们指出,在动荷载作用于一定土性状态试样的过程中,表征土所受应力状态的有效应力点,将从它的静应力状态点开始,以一定的路径在应力空间中由破坏边界面所限定的范围内连续移动,在每一个瞬间,这种移动的趋向取决于当时的应力应变的发展水平和作用动荷载变化的特性。目前,考虑振动孔隙水压力的产生、扩散与消散的理论有效应力计算方法主要有以下 3 种类型[56,57]:

(1)将 Terzaghi 固结方程与不排水条件下振动孔隙水压力增长的计算模型相结合;

(2)将 Biot 固结方程与不排水条件下振动孔隙水压力增长的计算模型联系起来;

(3)Zienkiewicz 等建立了有关能够将动孔隙水压力扩散、消散和动力反应分析相耦合的理论。

在饱和尾矿坝砂土的振动液化问题上,H. B. Seed 等[58]根据震害经验,提出了水平场地砂土液化的判别方法。这一方法,北美已用于尾矿坝体的液化分析。

虽然数值计算取得了长足进步,对于尾矿坝由于尚未建立散体材料的有限元的力学模型,且其材料性质复杂,物理力学参数选取困难,尚难以取得理论与实际相统一的结果。

1.3.4 排渗体淤堵分析研究

矿业开采的迅速发展,对尾矿坝的安全提出了更高的要求,尾矿坝稳定性分析基本上采用土力学分析边坡稳定性的方法,而对于尾矿坝的淤堵现象、淤堵机理、淤堵与渗流之间关系的研究很少。所谓淤堵,一般是指孔隙空间由于某种或某几种物质的不断增加而引起的堵塞,通常对于土壤、渗透介质等的淤堵最直观的反应就是其渗透系数的降低。在淤堵现象研究方面:Seki K 等[59](1998)进行了柱试验,以硬土层土样为填充样品,采用的3个柱用50 $\mu g/cm^3$ 葡萄糖溶液渗滤了120 d,试验结果证明微生物可以淤堵土壤孔隙,降低渗透系数和过滤能力;Mansur C I 等[60](2000)研究了美国密西西比河防洪大堤减压井的性能,通过收集密西西比河堤段减压井的运行条件、效率、运行性能相关数据和信息,归纳分析了减压井现状,并进行了现场调研和抽水试验,通过研究发现,减压井经几十年运行产生了一定程度的淤堵,井中的淤泥和沉积物是导致密西西比河河谷减压井失效的原因之一;孔丽丽和陈守义[61](1999)针对武山铜矿尾矿坝排渗系统中发生的土工织物淤堵问题,通过一系列试验对土工织物化学淤堵问题进行了初步探讨,结果表明氢氧化铁凝胶在织物纤维上的附着是化学淤堵的主要机理;VanGulck 等[62](2004)还通过开展试验柱研究获得了关于多孔介质中生物和化学淤堵机制的认识。试验采用两套装置,每套装置由4个试验柱组成,通过试验发现:淤堵的主要原因是碳酸钙的沉淀,它逐渐在排水介质孔隙空间中进行积累,淤堵了孔隙。碳酸钙的沉淀是挥发性脂肪酸的厌氧发酵造成的。

1.3.5 工程应用研究

尾矿库的筑坝工艺主要有上游式、中线式、下游式、高浓度尾矿堆积式(圆锥式)、水库式和干堆式尾矿堆坝六种方式。据统计,我国现有90%的尾矿库采用上游式尾矿堆积坝体,目前不少尾矿库处于生产服役的中后期,急需后续尾矿库储蓄尾矿。由于土地资源紧张,新建尾矿库存在征地困难、审批难的问题,同时新建尾矿库建设周期长,且占土地多,浪费资源,费用投资巨大。随着高坝实践的增多,科学技术的发展,为尾矿库扩容加高延长服务年限提供了技术支撑。因此,研究上游式尾矿库扩容加高及高堆尾矿坝技术具有普遍的意义。

1)上游式尾矿库扩容加高现状

(1)上游式扩容加高。上游式扩容加高即沿用原有的放矿方式和堆坝工艺,最大限度地使用现有设施,尾矿设施不必作大的改动,因此国内普遍采用上游式继续扩容加高,但继续加高后的坝体稳定性需进一步论证。另外,还需对排洪系统、回水系统、坝体降浸润线系统等进行改造,有时甚至要考虑一些副坝工程。如国内的兰亭尾矿库、包钢选矿厂尾矿库、黄家沟尾矿库、本钢南芬小庙沟尾矿库、铁坑铁矿尾矿库、南钢冶山尾矿库、大石河尾矿库等大多都采用上游式扩容加高。

(2)上游式改中线式扩容加高。上游式尾矿坝几乎都存在程度不同的病害历史,如坝体浸润线溢出、渗流破坏、坝面沼泽化等,而下游式和中线式都具有浸润线较低、抗震稳定性好的优点,黄经原认为利用旋流器分级尾矿中线式筑坝,不仅能确保安全,而且也具有经济合理性。陈守义针对上游式细粒尾矿堆坝存在的问题,提出了改变筑坝工艺,采用中线式筑坝的观点。国内已有上游式改中线式筑坝的成功经验,如太原钢铁公司峨口1#

尾矿库、通钢板石铁矿吊水壶尾矿库。御驾泉尾矿库对变上游式为中线式进行了研讨。

(3)上游式改下游式筑坝扩容加高。下游式筑坝在初期坝下游方向移动升高，原有的设施可以利用，利用旋流器筑坝，坝体稳定性好，容易满足抗震和其他要求。我国仅有太原钢铁公司峨口 2#尾矿库属此坝型，但上游式改下游式扩容加高未见报道。

(4)上游式高浓度尾矿堆积(圆锥法)扩容加高。这种方法是将尾矿浓度浓缩到 60% 以上，由砂泵输送到尾矿库的某一部位排放。这种堆存方式适用于在较大面积的平地或丘陵地采用。加拿大一些矿山采用该法，沉积体坡度 6% 左右；齐大山铁矿尾矿库进行了这方面的研究，尾矿堆筑特性试验以单锥试验为主，试验排放浓度分别为 40%、45%、50%、55%，整体模型表明将上游式低浓度筑坝改为 40% 浓度、库内上下游部位交替排放、坝体交替上升筑坝工艺，可增库容 521 万 m^3。这无疑是降低能耗、增加库容的一种思路。该方法在我国尚处于研究阶段，其困难在于矿浆浓度和高浓度浆体的输送问题，还需作进一步研究。

(5)细粒尾矿筑高坝研究。沈楼燕的《南桥尾矿库细粒尾矿筑坝研究》、魏作安等的《细粒尾矿及其堆坝稳定性研究》中开展了细粒堆坝的研究及实践。2005 年以来，中国科学院武汉岩土所、南昌有色冶金设计院和江西铜业集团公司共同完成了《尾矿坝灾害机理研究及综合防治技术》，并取得了部分国际领先的研究成果。

2)*存在的问题*

(1)各种上游式尾矿库扩容加高方法都有其针对性和适用性。各种扩容加高方法都存在与原有设施的衔接问题，排洪系统、回水系统、排渗系统、尾矿输送系统等改造问题，甚至需增加副坝工程。

(2)相对于单纯上游式扩容加高，上游式改中线式扩容加高坝体稳定性较好，但同样存在扩容加高后的渗流稳定、动力稳定及各种因素综合影响所带来的坝体稳定性问题。

(3)高堆尾矿坝的科研进展所提供的科技支撑赶不上大型工程建设发展的规模和速度，存在一定的风险。

1.4　高堆尾矿坝的概念

1.4.1　坝高分类

《尾矿库安全技术规程》(AQ 2006—2005)中对尾矿库的等别及尾矿库构筑物的级别进行了说明，如表 1-1 和表 1-2 所示。

表 1-1　尾矿库的等别

等别	全库容 V(万 m^3)	坝高 H(m)
一	二等库具备提高等别条件者	
二	$V \geq 10\ 000$	$H \geq 100$
三	$1\ 000 \leq V < 10\ 000$	$60 \leq H < 100$
四	$100 \leq V < 1\ 000$	$30 \leq H < 60$
五	$V < 100$	$H < 30$

表1-2 尾矿库构筑物的级别

尾矿库等别	构筑物的级别		
	主要构筑物	次要构筑物	临时构筑物
一	1	3	4
二	2	3	4
三	3	5	5
四	4	5	5
五	5	5	5

注：主要构筑物是指尾矿坝、库内排水构筑物等失事后难以修复的构筑物，次要构筑物是指失事后不致造成下游灾害或对尾矿库安全影响不大并易于修复的构筑物，临时构筑物是指尾矿库施工期临时使用的构筑物。

1.4.2 高堆尾矿坝概念

我国尾矿库从设计规范上规定，坝高低于30 m的为五等库，即最小的一类库，坝高30～60 m的为四等库，坝高60～100 m的为三等库，坝高高于100 m的为二等库。

苏联尾矿库的标准是：坝高低于25 m的为小型库，坝高25～50 m的为中型库，坝高高于50 m的为大型库。在南非坝高低于12 m的为小型库，坝高12～30 m的为中型库，坝高高于30 m的为大型库。我国水利水电工程一般规定土石坝高度$H \geqslant 70$ m时为高坝。

由于我国土地资源紧张，征地很困难，20世纪60年代以来建造的尾矿库现都处于中后期，在没有新的接替尾矿库的情况下，老尾矿库扩容加高改造已是一种迫不得已的措施。

考虑到尾矿坝工程的特殊性和筑坝材料的复杂性、建设周期等同于生产过程的长期性特点，以及国内外大多数发生事故的尾矿坝多为三等以下的尾矿库在加高过程中没有按照高堆尾矿坝相关规程作特别论证及设计等而导致的，因此本书根据我国尾矿库自身特点以及实际工况，提出如下高堆尾矿坝的概念：

(1)狭义上，对$H > 60$ m以上的尾矿坝，认为是高堆尾矿坝；

(2)广义上，对原设计为三等以下的尾矿库需要扩容加高，且加高后的等级超过原等级的尾矿库可认为是高堆尾矿坝的范畴。

应参照高堆尾矿坝的要求，对坝体规范开展勘探及稳定(动静力)分析，以采取可靠的设计方案和工程措施，确保尾矿坝的安全稳定。

1.4.3 世界主要高堆尾矿坝现状

根据作者对国内主要高堆尾矿坝资料的调查及对国外主要高堆尾矿坝资料的收集，得到世界主要高堆尾矿坝见表1-3。

表 1-3　世界主要高堆尾矿坝

公司 尾矿库名称	选厂规模 (t/d)	国家 地区	初期坝			堆积坝			总坝高(m)		汇水面 积(km^2)	库容 (万 m^3)	库等别	建库 时间
			坝型	坝高 (m)	内外 坡比	外坡比	坝高 (m)	堆坝 方式	目前 坝高	设计 坝高				
本溪钢铁公司 小庙沟尾矿库	22 324	中国 辽宁	滤水堆石坝	21.3	1:2 1:2	1:5	108	上游式	130	130* 120	7.65	10 500	一	1969
金堆城钼业公司 木子沟尾矿库	8 000	中国 陕西	透水堆石坝	61	1:1.66 1:1.68	1:(4～5)	61.5	上游式	141	142*	5	3 200	二	1970
金堆城钼业公司 栗西尾矿库	30 000	中国 陕西	透水堆石坝	40.5	1:1.7 1:2	1:5	124	上游式	153	165 195*	10	16 500	二	1983
江西铜业公司 德兴铜矿 4#尾矿库	60 000	中国 江西	斜墙堆石坝	38	1:2 1:2	1:3	170	中线式	143	208	14.3	83 500	二	1990
江西铜业公司 德兴铜矿 2#尾矿库	30 000	中国 江西	透水堆石坝	24	1:1.75 1:1.75	1:7	180	上游式	138	204	3.23	9 800	二	1984
太原钢铁公司 峨口尾矿库	7 865	中国 山西	爆破堆石坝	65	1:1.55 1:1.65	1:3	160	上游式 中线式	215	270*	13.5	6 000	二	1985
攀枝花钢铁公司 白马尾矿库	21 003	中国 四川	堆石坝	40	1:1.75	1:5	325	上游式		325		200 000	二	2008
攀钢集团矿业公司 马家田尾矿库	40 606	中国 四川	爆破堆石坝	35.5	1:1.75 1:1.95	1:6 1:9.5	175	上游式	146	210.5	17.9	18 600	二	1970
科莱马克斯钼矿 2#尾矿库	50 000	美国	土坝	10.5		1:2.5	150	上游式		161*				1956
霍姆斯特金矿尾矿库 (homestak)	6 000～7 000	美国	黏土砂石坝	82	1:2 1:2	1:6	35	下游式		117		6 700		
平托谷铜矿 4#尾矿库	70 000	美国				1:5	189	上游式		189		23 400		
肯尼科特尾矿库 (Kennecott)		美国						中线式	130	150				

续表 1-3

公司 尾矿库名称	选厂规模 (t/d)	国家 地区	初期坝			堆积坝			总坝高(m)		汇水面积(km²)	库容(万 m³)	库等别	建库时间
			坝型	坝高(m)	内外坡比	外坡比	坝高(m)	堆坝方式	目前坝高	设计坝高				
蒙大拿州尾矿库 (Montana Tunnels)		美国						中线式		250*				
高地山谷尾矿库 (High Land)		加拿大	堆石坝				150	中线式	130	150				
格莱布朗特铜矿尾矿库 (Glibraltar)		加拿大	堆石坝					中线式	100	120*				1970
南凯蒙斯铜矿尾矿库 (Kemess South)		加拿大	堆石坝				145	中线式	145	165				
布朗达铜矿尾矿库 (Brenda)		加拿大	堆石坝	40.5	1:(5~2.75)		122	中线式	120	150				
卡德兰扎尾矿库		苏联	透水堆石坝	10	1:1.75 1:2	1:(2.5~6)	100	上游式		110				
阿加拉克		苏联	透水砾卵坝	20	1:1.3	1:(3~4)	140	上游式	73	160				1963
日本都灵尾矿库		日本 都灵	均质土坝				102	上游式		102	0.12	362		1941
托多鲁克达尼矿尾矿库		日本	均质土坝				115.5	上游式		115.5	0.10	308		1962
安塔米娜铅锌铜矿尾矿库 (Antamina)		秘鲁	堆石坝				120		120	232				
洛斯莱昂内斯尾矿库 (Los Leones)		智利							160	160				
福斯科尔尾矿库 (Foskor Selati)		南非						中线式	45	140				
因帕拉铂金尾矿库 (Impala Platinum)		南非						上游式	40	120				

注：* 表示后期加高后的坝高。

可见,国内外主要矿业大国高坝中上游式尾矿坝仍占主流,我国高坝大多数为上游式。世界最高的尾矿坝为在Ⅷ度地震区的攀枝花钢铁公司白马尾矿库,总坝高325 m。在设计该库时,进行了抗震和渗流稳定等研究工作,在确保安全的前提下,对上游式和中线式尾矿筑坝方案进行了对比,最终用了管理上更方便的上游式尾矿筑坝方案,该尾矿库2008年已投入试用。我国上游式尾矿筑坝技术水平和工程实践在国际上是领先的。

1.5 研究背景

1.5.1 自然地理及工程概况

栗西尾矿库位于陕西省华县金堆城镇大栗西村上游的栗西沟内,距百花选矿厂约7.50 km,为山谷型尾矿库。1973年由北京有色冶金设计研究总院设计,1979年初期坝建成,1984年正式投入使用。栗西尾矿库流域面积10 km^2,设计防洪标准为1 000年一遇,设计三日洪水总量为190万 m^3,设计总库容1.65亿 m^3,总坝高164.5 m,设计最终标高1 300 m,服务年限32年,属于二等尾矿库。

栗西尾矿库初期坝坐落在硅质板岩地基上,为透水堆石坝,坝顶高程为1 176.5 m,坝高40.5 m,坝顶长115 m,坝顶宽4.0 m,坝底宽157.50 m,上游坡比1∶1.7,下游坡比1∶2.0,下游在1 156.5 m标高处设有宽2.0 m的马道,上游设有0.7~1.0 m厚的砂石反滤层。

后期坝采用上游式尾矿堆筑,设计外坡比1∶5.0,采用推土机、装载机装运沉积滩尾矿堆筑,每期子坝堆筑高度为3.0 m左右,台阶宽度为8.0~11.0 m,顶宽3.5 m。

1.5.2 工程地质条件

栗西尾矿库所处区内地层为中元古界震旦系(Z_2)变质石英岩、厚薄层硅质板岩、硅质灰岩,第四系上更新统(Q_3^{al-dl})残—坡积层。受区域构造控制库区NEE向(15°~25°)及NW向(310°)两组高角度(倾角85°~90°)剪切节理非常发育,其节理结构面多呈闭合、平滑,无泥质充填,其中NNE向节理常形成大的峭壁。库区硅质灰岩有形成溶洞的地质条件,不发育,对尾矿库危害不大。在库区范围内未见软弱夹层及可能形成的滑动面。

库区范围内底部基岩为硅质灰岩,上部第四系上更新统(Q_3^{al-dl})残—坡积层很薄。初期坝处为厚薄层硅质板岩。经过多次构造运动,沟内岩层受挤压严重,构造形迹以小褶皱为主,局部应力集中地带节理裂隙发育,岩石破碎,风化强烈。地形起伏较大,两侧山峰耸立,山坡较陡,一般坡度为35°~40°。库区以正断层为主,其次为逆断层,较陡立。

总之,库区出露岩层单一,水文地质条件简单—中等;岩层构造发育,断层较多,工程地质条件中等—复杂。金堆城地区位于我国地震活动强烈的华北地震区汾渭地震带,地震基本烈度为Ⅶ度。

1.5.3 堆积尾矿的沉积规律

栗西尾矿坝1989年进行了初步勘察,2005年进行了全面系统勘察。经勘察,库区尾矿组成主要为尾中砂、尾细砂、尾粉砂、尾粉土、尾粉质黏土五种土,在局部地段存在少量尾粗砂,由于量小,只在土样颗粒分析中分出,工程中未单独分类,而并入尾中砂中。

1.5.3.1 堆积尾矿的组成、结构及沉积规律

栗西尾矿库堆积尾矿沉积规律受原矿性质、粒度、矿浆浓度和排放形式控制,勘察中发现沉积尾矿宏观上具有上粗下细、坝前粗库尾细、西边粗东边细的特点。在垂直方向,沉积尾矿中普遍分布粗细相间的夹层、互层、千层饼结构现象,总体上尾矿在结构上表现为不均一性和各向异性。各类尾矿沉积特征如下:

(1)尾中砂(层号$②_1$)。主要分布在坝外坡及滩面的上部。层厚10.00~63.00 m,厚度向库内逐步变薄或尖灭。常见尾细砂、尾粉砂夹层,少量薄层尾粉质黏土呈千层饼状夹在其中。该层呈厚层状分布,稳定性好。

(2)尾细砂(层号$②_2$)。一般分布于尾中砂中,多呈似层状、透镜状,层厚2.00~6.00 m。连续性差,未形成稳定的层位。

(3)尾粉砂(层号$②_3$)。主要分布于厚层状尾中砂之下,厚10.00~64.00 m。其下部常夹薄层状尾粉土、尾粉质黏土。呈厚层状分布,稳定性好,向库内厚度逐渐变大。

(4)尾粉土(层号$②_4$)。主要分布于尾粉砂下部的库底及凹形山洼处。常与尾粉质黏土形成互层,向库内延伸厚度逐渐加大。

(5)尾粉质黏土(层号$②_5$)。主要分布于库底的凹形山沟中,厚度5.00~10.00 m,向库内延伸厚度逐渐加大。

1.5.3.2 沉积滩面的尾矿沉积规律

从放矿口至库内d_{50}粒径由大变小,且在干滩面250 m范围内d_{50}粒径较大,虽有由大变小的整体规律,但局部有大、小值交替出现的情况,但以尾中砂为主,向滩内颗粒逐渐变细。堆积尾矿由东向西整体上有西粗东细的特征,但d_{50}值变化存在波状起伏。这是由于交替分段放矿所致,也说明从放矿口至滩内一定范围内存在迭瓦状沉积形式。

1.5.4 堆积尾矿的物理力学特性

根据地质工程勘察及室内试验成果,库区堆积尾矿可分为尾中砂、尾细砂、尾粉砂、尾粉土、尾粉质黏土五种。但该尾矿坝的沉积体范围内主要土层为尾中砂和尾粉砂,其连续厚度分别达到10.00~63.00 m和10.00~64.00 m之多。由标准贯入试验、静力触探试验及波速测试资料看这两个土层下部比上部密实,因此又将上层和下层土的物理特性指标分别进行了统计。其统计界限取尾矿沉积厚度20~30 m为统计单元,其上称尾中砂(上部)、尾粉砂(上部),其下称尾中砂(下部)、尾粉砂(下部),剖面图示为$z_{上}$、$f_{上}$和$z_{下}$、$f_{下}$,上部密实状态为松散、稍密及少量中密,下部密实状态为中密及密实。

1.6 研究内容、方法和技术路线

1.6.1 研究内容

(1)尾矿坝现场勘探与试验研究。

①尾矿坝体结构研究:收集库区和坝区有关钻孔资料,补充钻孔取样,分析不同深度土样的物质组成和密度,绘制库区和坝区三维地层结构图,以揭示尾矿坝的空间结构,为尾矿坝耦合分析奠定基础。

②尾矿坝体地下水位观测:在观测井每天观测一次水位、在排泄口每天观测一次流量,同时在非饱和带取土样对其进行含水量分析,并对库区水位和大气降水进行观测。

③尾矿坝体地下水中化学成分观测:在库区、观测井和排泄口每月取一次水样,分析水中化学成分,同时在非饱和带取土样对其进行化学成分分析。

④尾矿坝体原位渗透试验:不同深度抽水或注水试验,确定不同深度渗透系数,同时进行弥散试验,确定弥散系数。

⑤观测尾矿坝的筑坝过程:测定筑坝速度、测定尾矿浆液的物理特性和化学组分等。

现场勘探试验的研究目的是要揭示尾矿坝实体的结构特征、地下水渗流特征、污染物在坝体内的迁移和化学变化过程特征,为建立尾矿坝变形—渗流—化学过程耦合模型奠定物理背景。

(2)尾矿坝渗流—变形—化学过程耦合模型研究。

尾矿坝渗流—变形—化学过程耦合模型包括尾矿坝二维、三维渗流场数值模拟,尾矿坝二维、三维动力稳定分析及抗震液化分析,尾矿坝渗流—动力稳定耦合模型,尾矿库渗流—化学过程耦合模型以及变形—渗流—化学过程耦合模型等。

(3)尾矿坝排渗体淤堵对坝体稳定性的影响研究。

重点研究对尾矿坝稳定性有较大影响的淤堵现象,尝试模拟淤堵的发生,为稳定性分析提供依据。通过对栗西尾矿坝淤堵现象进行现场调查,对存在淤堵现象的排渗体进行淤堵固体采样,进行室内相关试验和样品分析,了解淤堵物的化学组分,从而得到尾矿坝排渗体淤堵机理;最后根据淤堵物是逐渐在多孔介质及排水管口中积累并最终导致淤堵发生的过程进行数学模拟,分析排渗体淤堵对坝体渗透系数及稳定性的影响。

(4)尾矿坝模型检验与工程应用研究。

应用上述模型进行尾矿坝现状稳定性分析和环境影响分析,通过现状分析进行模型适应分析与检验;预测尾矿库扩容加高后的稳定性和环境影响;研究尾矿库扩容加高技术、尾矿坝淤堵治理技术以及尾矿库系统安全评价等。

1.6.2 研究方法和技术路线

本研究课题密切结合矿山企业的实际工程,采用现场测试、室内试验、理论分析、数值计算和工程实践相结合的综合性研究方法。整个研究过程可分为以下阶段,如图1-3所示。

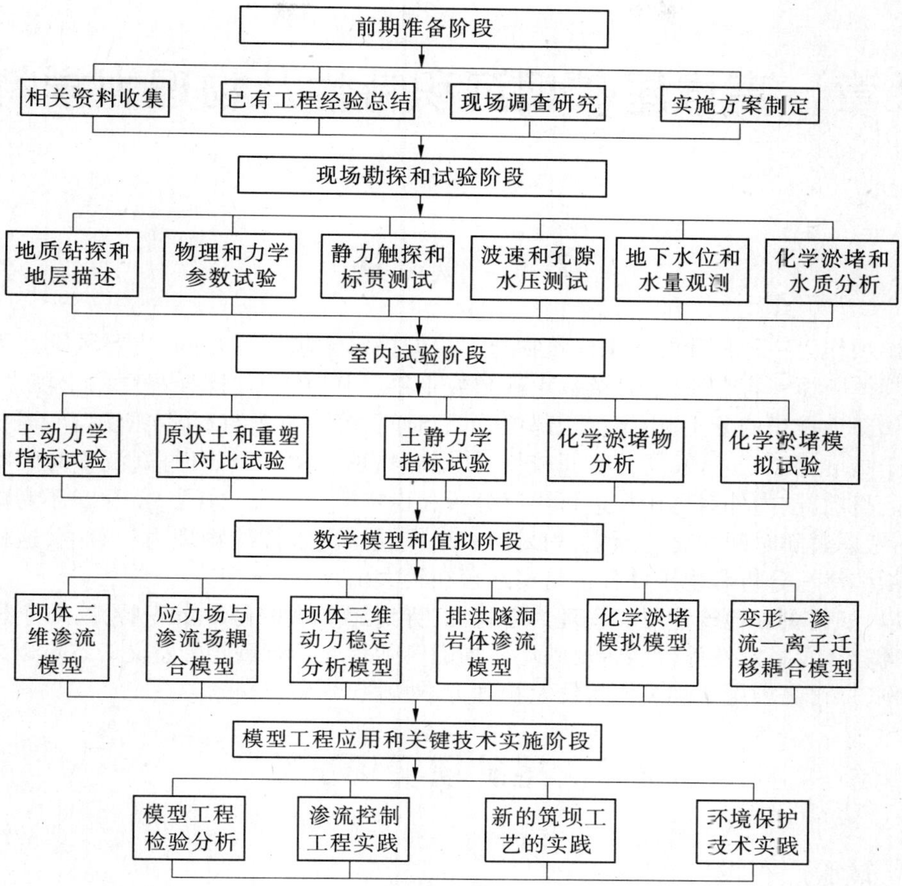
前期准备阶段
相关资料收集
已有工程经验总结
现场调查研究
实施方案制定
现场勘探和试验阶段
地质钻探和地层描述
物理和力学参数试验
静力触探和标贯测试
波速和孔隙水压测试
地下水位和水量观测
化学淤堵和水质分析
室内试验阶段
土动力学指标试验
原状土和重塑土对比试验
土静力学指标试验
化学淤堵物分析
化学淤堵模拟试验
数学模型和值拟阶段
坝体三维渗流模型
应力场与渗流场耦合模型
坝体三维动力稳定分析模型
排洪隧洞岩体渗流模型
化学淤堵模拟模型
变形—渗流—离子迁移耦合模型
模型工程应用和关键技术实施阶段
模型工程检验分析
渗流控制工程实践
新的筑坝工艺的实践
不境保护支术实践

图1-3 研究技术路线

第2章　高堆尾矿坝沉积特性及物理力学特性

2.1　概　述

尾矿坝作为一种特殊的水工建筑物与一般的挡水土坝不尽相同，主要区别在于其运营期间坝体断面一直在变化，延续数年甚至数十年，坝的体积比同样高度的土坝大得多。尾矿坝属新近堆积的砂土，由于沉积部位、沉积时间、沉积速率的不同，密实度有时相差较大。对于高堆尾矿坝来说，运营时间较长，其尾矿物理力学性质与埋深、沉积时间有密切的关系。目前，国内外对尾矿坝进行渗流分析和稳定性分析时，对同一类尾矿不考虑其埋深，更不考虑其随时间变化的因素，均采用一个或几个代表性的物理力学数值，这样的取值进行坝体渗流分析和稳定性分析与实际存在较大出入。

所以，如何更好地统计尾矿物理力学特性，弄清尾矿坝的尾矿沉积特性，对于尾矿坝渗流计算分析及稳定性评价能否反映尾矿坝的实际状况具有重要的意义。本章以栗西尾矿坝为例，探讨高堆尾矿坝沉积特性及物理力学特性[63]。

2.2　尾矿坝现场试验

2.2.1　试验点布设

依栗西尾矿库地形特点，总体设计四条纵勘探线，坝体从左向右依次是1—1剖面、2—2剖面、3—3剖面、4—4剖面（见图2-1）。

探槽：在沉积滩沿勘探线方向点间距为30.00 m、勘探线间距200 ~ 250 m布置三条线。

2.2.2　试验研究

2.2.2.1　取样

在软弱土层取原状土样时，采用薄壁取样器，用压入法取样；在砂土层采样，静压不进时，采用重锤击法采样。采原状土样与标贯孔间隔施工，采样垂直间隔一般为2.0 m，个别地段土性复杂时，适当加密采样点。探槽取样垂直向间距为0.5 m。

2.2.2.2　渗透试验

为测定地层的垂直渗透系数，选择钻孔进行注水试验，试验段距为5.0 m。探槽每深1 m进行一次渗透试验，在探槽内开挖试坑，试坑开挖深0.3 m、钢护筒内径为400 mm，在试坑做单环法渗水试验。

2.2.2.3　野外及现场室内试验

野外试验主要有标准贯入试验（SPT）、静力触探试验（CPT）、圆锥动力触探、波速测试。做室内试验时，在距尾矿坝约200 m处，设置一现场土工实验室，以确保土工常规试

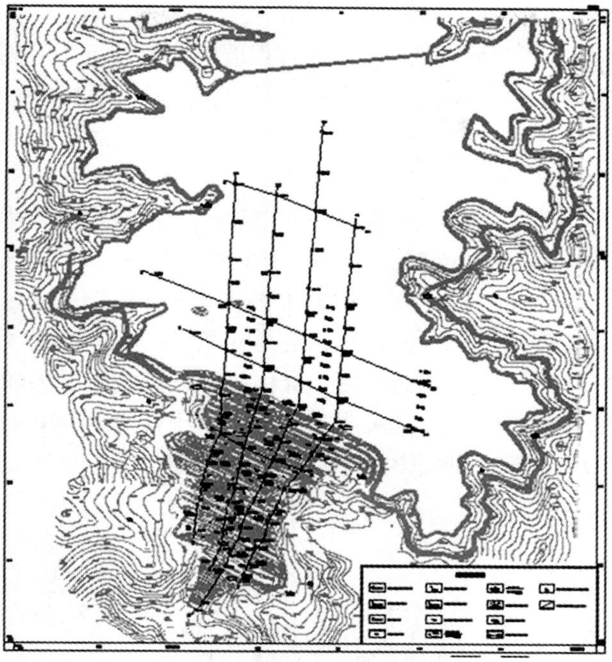

图 2-1　尾矿坝勘探平面布置图

验的质量。室内试验内容包括颗粒组成、质量密度、含水量、相对密度、液塑限、相对密度，并进行剪切试验、压缩试验、渗透试验。

2.3　堆积尾矿的组成、结构及沉积规律

2.3.1　堆积尾矿垂直向沉积规律

2.3.1.1　现场测试成果

1）标准贯入试验（SPT）

根据试验结果：尾中砂 N 为 2 ~ 56 击，尾细砂 N 为 3 ~ 66 击，尾粉砂 N 为 3 ~ 82 击，尾粉土 N 为 9 ~ 69 击，尾粉质黏土 N 为 10 ~ 59 击，粉质黏土夹碎石 N 为 13 ~ 80 击。不同尾矿在不同位置处的 N 值与深度 H 的关系也不同，根据 $N \sim H$ 离散点关系，求得回归直线方程，如表 2-1 所示。

表 2-1　不同尾矿在不同位置处的 N 值与深度 H 的关系

尾矿类型	位置	$N \sim H$ 回归直线方程
尾中砂	坝坡区	$N = 0.6816H + 3.3785$
	干滩区	$N = 0.4040H + 3.3415$
尾粉砂	坝坡区	$N = 0.5579H + 8.161$
	干滩区	$N = 0.4521H + 11.411$
尾粉土	干滩区	$N = 0.4424H + 5.3837$
尾粉质黏土	坝坡区	$N = 0.9487H - 15.9$

由表 2-1 可以看出：

(1)标准贯入击数坝坡区比干滩区大，这与坝坡粒度粗及沉积时间长有关。

(2)标准贯入击数随尾矿的埋深增大而增大，说明尾矿因堆积时间及上覆压力的增大从上到下尾矿呈稍密—密实的变化。

2)静力触探试验(CPT)

采用 HY－Ⅱ型单桥静力触探和 WSY－10 型轻便双缸液压静力触探设备。单桥静力触探用于对比西安有色勘察研究院 1989 年勘察时的钻孔，测点间距为 0.1 m；双桥静力触探在取原状土样钻孔施工前进行双桥静力触探试验，测点间距为 0.1 m。静力触探总进尺 1 389.90 m，其中单桥静力触探 5 个孔进尺 87.20 m，双桥静力触探 25 个孔进尺 1 302.70 m；孔压静力触探(三桥)试验，由于操作经验及设备原因未能成功。

根据尾矿坝坝区内静力触探孔锥尖阻力 q_c 值，按土性分别统计计算综合锥尖阻力，并绘制尾矿坝坝区 $q_c \sim H$ 综合曲线图，如图 2-2、图 2-3 所示。

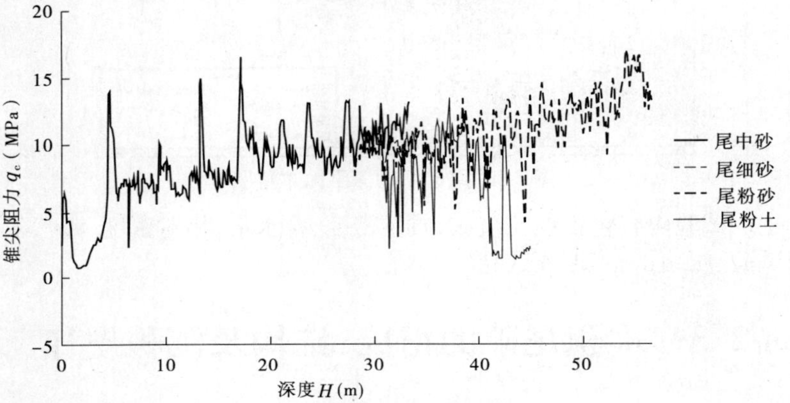

图 2-2　尾矿库坝区 $q_c \sim H$ 综合曲线图

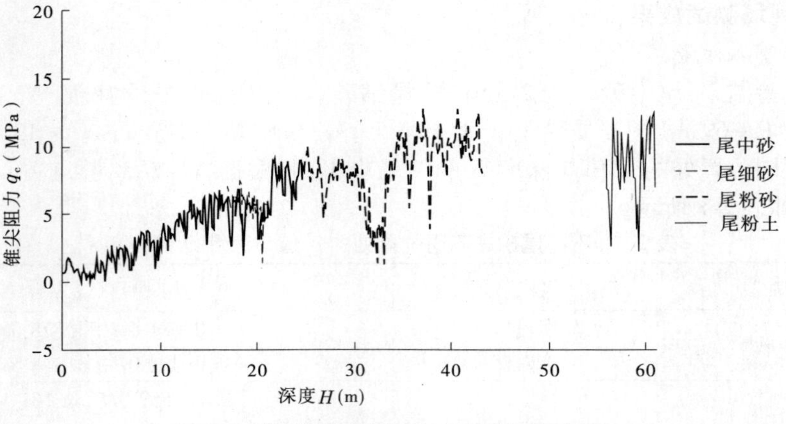

图 2-3　尾矿库干滩区 $q_c \sim H$ 综合曲线图

从综合曲线可以看出，干滩区和坝坡区尾中砂、尾细砂、尾粉砂、尾粉土的 q_c 值都随深度增加而增大。

3）圆锥动力触探

在钻孔遇到坡积物时用 $N_{63.5}$ 触探了解地层的密实程度。本次 $N_{63.5}$ 动力触探仪试验了 3 次，其结果见表 2-2。

表 2-2　动力触探成果表

孔号	ZK417	ZK318	ZK215	备注
$N_{63.5}$（击）	>50	>50	19	

从上述圆锥动力触探 $N_{63.5}$ 试验成果可以看出，区内③层残—坡积层一般为中密—密实状态。

4）波速测试

采用 XG－1 悬挂式波速测井仪，单孔法进行波速测试，其位置设在 1—1、3—3 两条剖面，波速测点深度间距为 1.00 m。

库区及各分区地层纵波、剪切波的统计值和平均值从上而下波速均越来越高，而尾矿的颗粒组成却越来越细，这并不能说明波速值的大小与颗粒组成有着很明确的关系，而与它的形成时间和埋藏深度有着密切的联系，即随着密度的增大波速值也越来越大。图 2-4 给出了钻孔 309 纵波波速 v_p、横波波速 v_s 与深度 H 关系曲线，并对剪切波曲线进行回归分析。

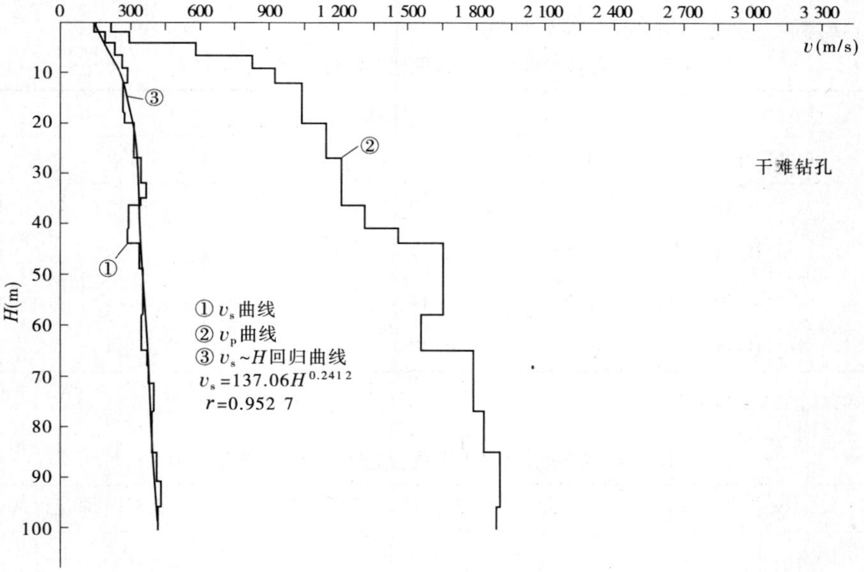

图 2-4　钻孔 309 纵波波速 v_p、横波波速 v_s 与深度 H 关系曲线

2.3.1.2　室内成果

尾矿在垂直方向上 d_{50} 粒径随深度加深颗粒逐渐变小，孔隙比 e 整体上由上至下变小趋势比较明显，并存在滩面坡小的特点，说明固结时间的长短对孔隙比有一定的影响。d_{50} 粒径由上至下明显变小，说明沉积尾矿上粗下细的特点，但局部又见尾矿粗细相间呈

互层状分布现象，如图 2-5、图 2-6 所示。

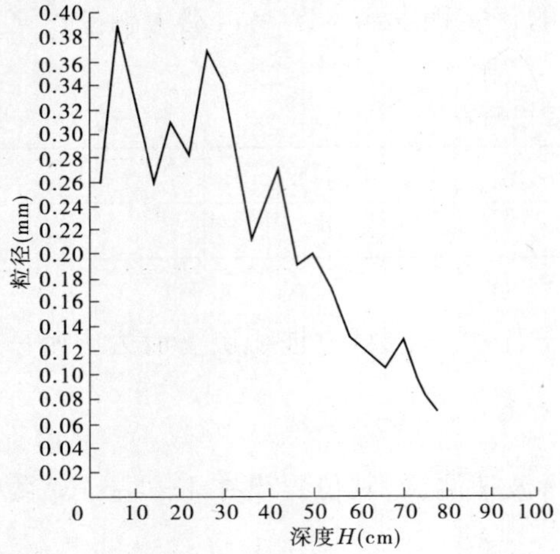

图 2-5　ZK211 钻孔尾矿土 d_{50} 随深度的变化曲线

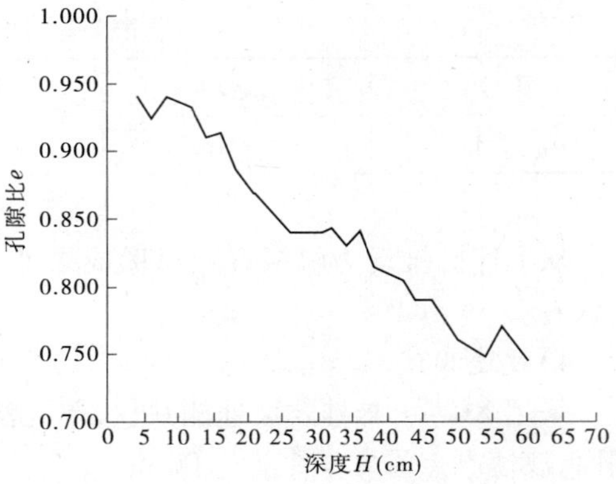

图 2-6　ZK317 钻孔孔隙比 e 随深度 H 变化曲线

2.3.2　沉积滩面的尾矿沉积规律

在 1—1、2—2、3—3、4—4 剖面之间及 ZK602 ~ ZK601 孔布置了 3 条探槽剖面，按相同深度取样作颗粒分析，探槽间距为 30 m，由放矿口至泥滩面进行布置。沉积滩表面纵向及横向 d_{50} 粒径变化分别见表 2-3 和表 2-4。

表 2-3　沉积滩表面（Ⅰ线探槽）纵向 d_{50} 粒径变化表

深度(m)	d_{50}(mm)					
	Ⅰ$_6$	Ⅰ$_5$	Ⅰ$_4$	Ⅰ$_3$	Ⅰ$_2$	Ⅰ$_1$
0.5	0.39	0.43	0.39	0.38	0.32	0.37
1.0	0.38	0.40	0.37	0.42	0.38	0.33
1.5	0.40	0.38	0.41	0.43	0.40	0.38
2.0	0.38	0.40	0.37	0.38	0.34	0.38

注：由放矿口向库内排列。

表 2-4　沉积滩表面（浅层）横向 d_{50} 粒径变化表

深度(m)	6 横排 d_{50}(mm)			3 横排 d_{50}(mm)			1 横排 d_{50}(mm)		
	Ⅰ$_6$	Ⅱ$_9$	Ⅲ$_6$	Ⅰ$_3$	Ⅱ$_6$	Ⅲ$_4$	Ⅰ$_1$	Ⅱ$_4$	Ⅲ$_2$
0.5	0.39	0.37	0.26	0.38	0.31	0.33	0.37	0.32	0.28
1.0	0.38	0.38	0.36	0.42	0.39	0.34	0.33	0.36	0.24
1.5	0.40	0.40	0.42	0.43	0.31	0.33	0.38	0.34	0.36
2.0	0.38	0.38	0.45	0.38	0.33	0.28	0.38		

注：由西侧向东侧排列。

从表 2-3 可以看出，从放矿口至库内 d_{50} 粒径由大变小，且在干滩面 250 m 范围内 d_{50} 粒径较大，虽有由大变小的整体规律，但局部有大、小值交替出现的情况，但以尾中砂为主，向滩内颗粒逐渐变细。

从表 2-4 可以看出，堆积尾矿由东向西整体上有西粗东细的特征，但 d_{50} 值变化呈波状起伏。这是由于交替分段放矿所致，也说明从放矿口至滩内一定范围内存在迭瓦状沉积形式。

2.4　堆积尾矿的物理性质

尾矿坝的沉积体范围内主要土层为尾中砂和尾粉砂，其连续厚度分别达到 10 ~ 63 m 和 10 ~ 64 m 之多。由标准贯入试验、静力触探试验及波速测试资料可以看出这两个土层下部比上部密实，因此又将上层和下层土的物理力学指标分别进行了统计。其统计界限取尾矿沉积厚度坝坡区 20 m、沉积滩区 30 m 为统计单元，其上称尾中砂（上部）、尾粉砂（上部），其下称尾中砂（下部）、尾粉砂（下部），上部密实状态为松散、稍密及少量中密，下部密实状态为中密及密实。

2.4.1　堆积尾矿的颗粒特征

在坝体不同部位的底层中取样进行颗粒分析，具体统计结果见表 2-5、表 2-6 及图 2-7。

表 2-5　全区颗粒分析统计

土类名称	统计参数	砂粒（%）				粉粒 0.075 ~ 0.005 mm（%）	黏粒 <0.005 mm（%）	有效粒径 d_{10}（mm）	中间粒径 d_{30}（mm）	平均粒径 d_{50}（mm）	不均匀系数 C_u	曲率系数 C_c	相对密度 D_r
		>2 mm	2 ~ 0.5 mm	0.5 ~ 0.25 mm	0.25 ~ 0.075 mm								
尾中砂	组数	55	560	561	561	561	561	322	322	322	322	322	285
	最小值	0.40	0.20	32.20	5.60	0.70	0.20	0.01	0.09	0.16	1.77	0.94	0.14
	最大值	17.20	28.10	85.80	40.90	30.50	4.30	0.26	0.39	0.46	23.85	4.44	0.92
	平均值	4.39	10.37	50.80	25.49	10.95	1.99	0.06	0.20	0.31	6.64	1.78	0.40
尾细砂	组数	1	61	78	78	78	78	67	67	67	67	67	45
	最小值		0.20	15.50	35.60	6.60	0.10	0.03	0.09	0.14	2.32	0.70	0.17
	最大值		10.00	49.00	69.90	15.20	3.20	0.08	0.15	0.25	6.79	1.62	0.85
	平均值	1.60	2.57	40.61	43.52	11.86	1.97	0.06	0.13	0.21	4.44	1.12	0.48
尾粉砂	组数		245	417	418	416	418	237	237	237	237	237	159
	最小值		0.10	0.60	20.80	10.60	0.20	0.01	0.03	0.01	2.12	0.63	0.18
	最大值		13.00	50.30	81.80	47.80	9.10	0.06	0.19	0.26	28.89	4.63	0.87
	平均值		2.51	26.65	43.49	25.72	2.71	0.03	0.09	0.16	8.37	1.48	0.54

续表 2-5

土类名称	统计参数	砂粒(%)				粉粒 0.075 ~ 0.005 mm(%)	黏粒 <0.005 mm(%)	有效粒径 d_{10} (mm)	中间粒径 d_{30} (mm)	平均粒径 d_{50} (mm)	不均匀系数 C_u	曲率系数 C_c	相对密度 D_r
		>2 mm	2 ~ 0.5 mm	0.5 ~ 0.25 mm	0.25 ~ 0.075 mm								
尾粉土	组数		9	95	137	136	137	101	101	101	101	101	2
	最小值		0.10	0.20	0.50	42.80	0.80	0.004	0.01	0.01	1.95	0.39	0.25
	最大值		14.70	17.00	47.10	96.50	14.50	0.04	0.06	0.22	15.00	2.85	0.58
	平均值		2.97	3.87	22.36	70.62	4.20	0.01	0.03	0.05	5.90	1.33	0.42
尾粉质黏土	组数			4	34	34	34	31	31	31	31	31	
	最小值			1.40	0.60	72.10	2.00	0.001	0.004	0.01	3.33	0.69	
	最大值			2.40	12.50	96.20	24.60	0.01	0.03	0.37	12.14	1.98	
	平均值			1.90	4.47	87.05	8.26	0.01	0.01	0.03	5.87	1.27	

表 2-6　分层颗粒分析统计

土类名称	统计参数	砂粒(%)				粉粒 0.075 ~ 0.005 mm(%)	黏粒 <0.005 mm(%)	有效粒径 d_{10} (mm)	中间粒径 d_{30} (mm)	平均粒径 d_{50} (mm)	不均匀系数 C_u	曲率系数 C_c	相对密度 D_r
		>2 mm	2 ~ 0.5 mm	0.5 ~ 0.25 mm	0.25 ~ 0.075 mm								
尾中砂（上）	组数	50	310	311	311	311	311	165	165	165	165	165	170
	最小值	0.40	0.20	32.20	5.60	0.70	0.20	0.01	0.10	0.24	1.77	0.94	0.14
	最大值	17.20	28.10	85.80	40.50	30.50	4.30	0.26	0.39	0.46	22.86	4.03	0.58
	平均值	4.49	10.88	50.94	25.23	10.30	1.99	0.07	0.20	0.32	6.25	1.74	0.32
尾中砂（下）	组数	4	192	192	192	192	192	98	98	98	98	98	88
	最小值	0.70	0.30	34.80	14.60	3.80	0.40	0.02	0.09	0.16	3.90	1.01	0.29
	最大值	9.20	23.80	64.20	40.90	24.00	4.10	0.10	0.27	0.40	17.73	3.41	0.92
	平均值	4.03	9.89	49.74	26.11	12.18	2.00	0.06	0.18	0.31	7.04	1.76	0.57
尾粉砂（上）	组数	1	71	92	92	90	92	57	57	57	57	57	47
	最小值		0.10	5.40	20.80	11.70	0.20	0.01	0.03	0.08	2.12	0.74	0.18
	最大值		12.00	46.60	63.20	44.60	7.00	0.06	0.13	0.24	20.00	2.69	0.56
	平均值	2.29	3.43	31.49	39.29	23.50	2.90	0.03	0.09	0.17	8.67	1.39	0.35
尾粉砂（下）	组数		154	295	296	296	296	151	151	151	151	151	104
	最小值		0.10	0.60	25.10	10.60	0.20	0.01	0.03	0.01	2.33	0.82	0.33
	最大值		10.30	50.30	81.80	47.80	9.10	0.06	0.16	0.26	28.89	2.74	0.87
	平均值		2.15	24.82	45.06	26.36	2.72	0.03	0.08	0.15	8.00	1.51	0.62

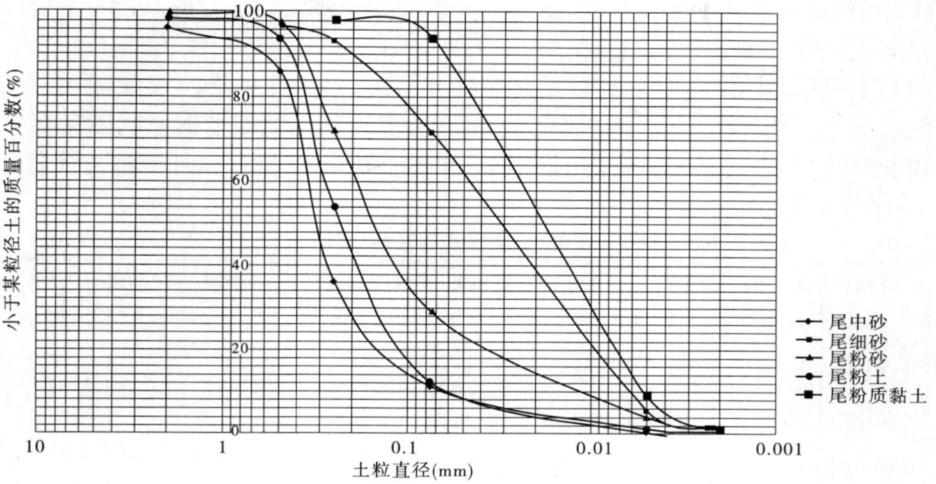

图2-7　尾矿颗粒大小分配曲线

从表2-5和表2-6、图2-7可以看出：

（1）尾中砂、尾细砂、尾粉砂、尾粉土、尾粉质黏土五种尾矿的五条颗分综合曲线基本平行，尾粉质黏土的颗粒粒径90%以上落在粒径0.1～0.005 mm的范围内，尾中砂的粒径为>0.075 mm的颗粒含量达到88%左右。

（2）尾粉质黏土小于0.005 mm的含量只达到8.26%，说明细颗粒还是比较少，尾中砂、尾细砂、尾粉砂和尾粉土粒径小于0.005 mm的含量分别为1.98%、1.97%、2.71%、4.2%。

（3）栗西尾矿库中的尾矿主要由尾中砂、尾细砂、尾粉土、尾粉砂和尾粉质黏土五类尾矿所组成，与其他有色冶金尾矿库相比，颗粒偏粗一些。尾中砂、尾粉砂、尾粉土和尾粉质黏土的 C_u 都为5～10，只有细砂4.44，略小于5，C_c 大于1，说明此尾矿库颗粒级配良好，连续级配分布均匀，其抗震液化性能较好。

（4）从尾中砂到尾粉质黏土，砂粒含量的平均值逐渐减少，黏粒含量的平均值逐渐增加，有效粒径和中值粒径的平均值逐渐减少。

（5）尾中砂、尾细砂、尾粉砂之间的颗粒含量或 d_{50} 有着渐变的特征，而尾粉砂与尾粉土之间有突变现象，尾粉砂与尾粉质黏土之间也有突变现象，这与放矿的形式有关。同时，也说明粗尾矿与细粒尾矿之间分选性较好。

（6）根据相对密度 D_r，尾中砂、尾粉砂上部以松散—稍密为主，下部以中密为主，局部呈密实状态。

2.4.2　堆积尾矿的物理特性

对尾矿物理性质按不同剖面及主要层位进行了分层统计（见表2-7、表2-8），从表中可以看出：

（1）从不同剖面组合可以看出，从东部及西部、上部和下部其比重差异不大，其天然密度及干密度同一种土下部比上部大。

(2)尾中砂天然孔隙比比较大,这与尾中砂的均匀性比较好有关,对于同一种尾矿孔隙比亦随深度增加也逐渐减小。

(3)尾中砂位于地下水位以上,处于非饱和状态,饱和度平均值较低,但部分位于地下水位以下,原为饱和状态尾中砂,但由于处于松散—稍密状态取的原状砂样存不住水,其饱和度偏低,有些失真。尾粉土、尾粉质黏土位于地下水位以下,处于饱和状态,饱和度接近100%。

表2-7 全区物理性质统计

土类名称	统计参数	含水率 ω(%)	天然密度 ρ(g/cm^3)	干密度 ρ_d(g/cm^3)	饱和度 S_r(%)	天然孔隙比 e	土的比重 G_s	液限 ω_L(%)	塑限 ω_p(%)	塑性指数 I_p	液性指数 I_L
尾中砂	组数	533	524	524	524	524	533				
	最小值	4.20	1.44	1.34	11.96	0.67	2.69				
	最大值	24.50	2.12	1.74	91.94	1.05	3.47				
	平均值	20.70	1.81	1.50	67.50	0.89	2.83				
尾细砂	组数	77	77	77	77	77	77				
	最小值	8.80	1.49	1.34	25.19	0.68	2.69				
	最大值	24.60	2.08	1.70	96.66	1.03	3.25				
	平均值	22.65	1.85	1.51	74.23	0.87	2.82				
尾粉砂	组数	396	395	395	395	395	396				
	最小值	6.40	1.53	1.33	19.18	0.67	2.70				
	最大值	24.70	2.10	1.72	96.44	1.04	3.09				
	平均值	22.76	1.89	1.54	78.16	0.83	2.81				
尾粉土	组数	128	127	127	127	127	130	135	135	135	125
	最小值	9.5	1.55	1.37	27.10	0.69	2.72	19.10	12.10	3.00	0.16
	最大值	29.70	2.07	1.67	104.35	1.01	2.93	31.00	24.20	9.60	2.58
	平均值	25.26	1.94	1.55	87.78	0.81	2.81	24.05	17.32	6.74	1.23
尾粉质黏土	组数	34	34	34	34	34	34	34	34	34	34
	最小值	24.50	1.82	1.39	76.78	0.69	2.74	25.40	14.80	10.10	0.15
	最大值	36.60	2.04	1.64	102.49	1.06	2.86	38.20	24.80	15.80	1.23
	平均值	27.91	1.97	1.54	95.69	0.82	2.79	31.99	19.76	12.23	0.68

表 2-8　分层物理性质统计

土类名称	统计参数	含水率 ω(%)	天然密度 ρ(g/cm^3)	干密度 ρ_d(g/cm^3)	饱和度 S_r(%)	天然孔隙比 e	土的比重 G_s	液限 ω_L(%)	塑限 ω_p(%)	塑性指数 I_p	液性指数 I_L
尾中砂（上）	组数	300	291	291	291	291	297				
	最小值	4.20	1.44	1.34	11.96	0.80	2.69				
	最大值	23.80	2.07	1.69	85.00	1.05	3.47				
	平均值	19.69	1.76	1.47	61.53	0.93	2.83				
尾中砂（下）	组数	175	175	175	175	175	178				
	最小值	20.50	1.77	1.43	69.72	0.67	2.74				
	最大值	24.40	2.12	1.74	91.94	0.94	3.05				
	平均值	22.69	1.92	1.57	79.81	0.81	2.83				
尾粉砂（上）	组数	90	90	90	90	90	90				
	最小值	6.40	1.56	1.33	19.18	0.79	2.70				
	最大值	24.00	2.01	1.64	83.14	1.04	3.02				
	平均值	22.45	1.77	1.44	67.00	0.94	2.80				
尾粉砂（下）	组数	276	275	275	275	275	276				
	最小值	21.70	1.75	1.42	66.58	0.67	2.73				
	最大值	24.60	2.10	1.72	96.44	0.96	3.09				
	平均值	22.89	1.94	1.58	82.14	0.79	2.82				

2.4.3　堆积尾矿的渗透性

各土层钻孔渗透试验结果见表 2-9 和表 2-10。

表 2-9　钻孔样渗透试验成果统计

土类名称	统计参数	渗透系数(cm/s)	
		K_V	K_H
尾中砂	组数	158	158
	最小值	1.01×10^{-5}	1.62×10^{-5}
	最大值	6.35×10^{-3}	1.02×10^{-2}
	平均值	7.96×10^{-4}	1.27×10^{-3}
尾细砂	组数	39	39
	最小值	3.50×10^{-6}	5.43×10^{-6}
	最大值	2.17×10^{-3}	3.36×10^{-3}
	平均值	4.09×10^{-4}	6.34×10^{-4}

续表 2-9

土类名称	统计参数	渗透系数(cm/s)	
		K_V	K_H
尾粉砂	组数	126	126
	最小值	6.72×10^{-7}	1.01×10^{-6}
	最大值	3.70×10^{-3}	5.55×10^{-3}
	平均值	2.74×10^{-4}	4.16×10^{-4}
尾粉土	组数	24	24
	最小值	1.89×10^{-7}	2.65×10^{-7}
	最大值	6.82×10^{-5}	9.55×10^{-5}
	平均值	1.55×10^{-5}	2.18×10^{-5}
尾粉质黏土	组数	3	3
	最小值	5.40×10^{-8}	6.48×10^{-8}
	最大值	1.61×10^{-6}	1.93×10^{-6}
	平均值	6.79×10^{-7}	8.15×10^{-7}

表 2-10 钻孔样分层渗透试验成果统计

土类名称	统计参数	渗透系数(cm/s)	
		K_V	K_H
尾中砂(上)	组数	94	94
	最小值	1.03×10^{-4}	1.65×10^{-4}
	最大值	6.35×10^{-3}	1.02×10^{-2}
	平均值	1.10×10^{-3}	1.76×10^{-3}
尾中砂(下)	组数	51	51
	最小值	1.01×10^{-5}	1.62×10^{-5}
	最大值	5.70×10^{-4}	9.12×10^{-4}
	平均值	2.37×10^{-4}	3.79×10^{-4}
尾粉砂(上)	组数	25	25
	最小值	1.35×10^{-5}	2.03×10^{-5}
	最大值	3.70×10^{-3}	5.55×10^{-3}
	平均值	6.46×10^{-4}	9.68×10^{-4}
尾粉砂(下)	组数	93	24
	最小值	6.72×10^{-7}	1.01×10^{-6}
	最大值	8.43×10^{-4}	1.26×10^{-3}
	平均值	1.83×10^{-4}	2.81×10^{-4}

由表 2-9 及表 2-10 可以看出：

(1)尾粉土的渗透系数相差比较大，量级从 $10^{-5} \sim 10^{-7}$，这主要是由于尾粉土与尾粉质黏土的互层多，受细颗粒的影响所致。

(2)表 2-9、表 2-10 中基本反映了尾矿的渗透特征，其中出现一些异常值，主要受土层中薄夹层的影响，水平渗透系数稍大于垂直渗透系数，这与尾矿层特征有关，也反映了尾矿的各向异性特征，随压力增大，孔隙比减小，其渗透系数逐渐减小。

2.5　堆积尾矿的物理力学特性

2.5.1　尾矿砂的抗剪特性

为了了解尾矿砂的强度特性，进行了直接快剪试验和固结快剪试验，固结快剪压力为 100 kPa、200 kPa、300 kPa、400 kPa，又对尾砂做了部分中压固结快剪试验，对 24 组原状土样和 28 组重塑土样进行了固结不排水、固结排水剪切的三轴试验。试验成果见表 2-11。

表 2-11　尾矿剪切试验成果

层号	土类	直接剪切试验				三轴剪切试验					
		直接快剪		固结快剪		CU				CD	
		C (kPa)	φ (°)	C (kPa)	φ (°)	C_{cu} (kPa)	φ_{cu} (°)	C' (kPa)	φ' (°)	C_{cd} (kPa)	φ_{cd} (°)
钻孔样	尾中砂	6.51	34.28	7.53 11.1(中压)	35.70 36.0(中压)	8.03	33.9	11.3	34.3	9.29	35.6
	尾细砂	11.02	32.04	12.13 13.6(中压)	33.22 35.1(中压)	7.70	33.5	7.92	34.6	8.09	34.4
	尾粉砂	14.82	31.25	16.47 18.3(中压)	32.28 35.2(中压)	8.57	32.8	9.49	33.1	9.64	33.0
	尾粉土	15.76	29.60	19.63 22.3(中压)	31.20 32.1(中压)	17.9	32.9	20.3	33.0	21.6	32.6
	尾粉质黏土	21.38	24.52	26.91 29.6(中压)	25.21 28.7(中压)	21.3	27.9	23.3	28.4	25.2	28.8
探槽样	尾中砂	6.25	32.92								
	尾粉砂	15.4	32.90								

结果分析：

(1)直接剪切试验中直接快剪的黏聚力和内摩擦角均小于固结快剪的指标，主要是因为其尾砂渗透性较好，在垂直荷载的作用下固结后增加了尾砂的密实程度，从而使抗剪强度增大。

(2)随着尾砂的由粗到细，黏聚力由小到大在逐渐增加，而内摩擦角由大到小在逐渐降低。

(3)中压固结快剪的抗剪强度指标均大于低压固结快剪的抗剪强度指标。

(4)三轴强度指标结果和直剪强度的指标总体差别不明显。

2.5.2 尾矿的变形特征

尾矿的压缩变形是在中压固结仪上进行的,施加垂直压力分别为 50 kPa、100 kPa、200 kPa、400 kPa,表 2-12 提供了 0～3 200 kPa 的压缩系数和压缩模量,压缩曲线见图 2-8。

表 2-12 压缩试验孔隙比资料统计

土样名称	各级压力(kPa)								备注
	0	50	100	200	400	800	1 600	3 200	
尾中砂	0.855	0.834	0.822	0.807	0.788	0.715	0.687	0.651	上部为低压压缩数据,下部为高压压缩数据
尾细砂	0.846	0.830	0.820	0.806	0.788	0.736	0.708	0.667	
尾粉砂	0.854	0.835	0.825	0.810	0.792	0.692	0.666	0.627	
尾粉土	0.820	0.781	0.765	0.743	0.722	0.666	0.634	0.589	
尾粉质黏土	0.789	0.723	0.698	0.667	0.630	0.589	0.543	0.492	

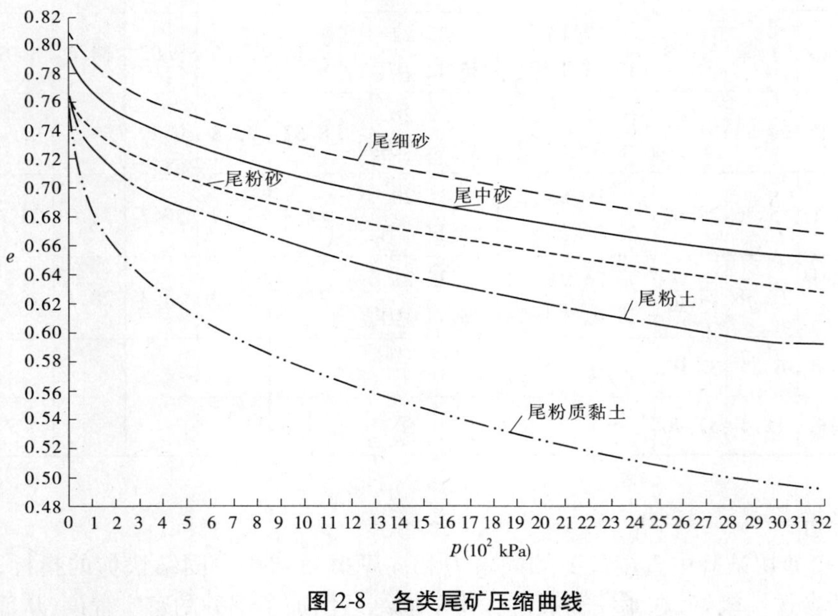

图 2-8 各类尾矿压缩曲线

不同区段剖面压缩试验成果统计见表 2-13。

表 2-13　不同区段剖面压缩试验成果统计

	尾中砂		尾细砂		尾粉砂		尾粉土		尾粉质黏土	
	压缩系数 a_{1-2}(MPa^{-1})	压缩模量 E_s(MPa)	压缩系数 a_{1-2}(MPa^{-1})	压缩模量 E_s(MPa)	压缩系数 a_{1-2}(MPa^{-1})	压缩模量 E_s(MPa)	压缩系数 a_{1-2}(MPa^{-1})	压缩模量 E_s(MPa)	压缩系数 c_{1-2}(MPa^{-1})	压缩模量 E_s(MPa)
全区	0.16	11.86	0.15	13.05	0.14	13.37	0.19	10.06	0.32	6.56
分层	0.18(上) 0.13(下)	11.09(上) 13.81(下)			0.19(上) 0.13(下)	10.56(上) 14.37(下)				
探槽	0.26	7.74			0.26	7.55				

可以看出:

(1)尾中砂、尾细砂、尾粉砂、尾粉土和尾粉质黏土的压缩系数 a_{1-2},由小到大,压缩模量 E_s 由大到小,五种尾砂土都属于中压缩性土。

(2)从图 2-8 可以看出,排除尾中砂后随着颗粒由粗变细,压缩变形量在逐渐增加,孔隙比在逐渐减少。

(3)表 2-13 显示:各类尾矿砂压缩系数除浅部探槽样稍高外,其余平均值均偏小。尾粉土、尾粉质黏土压缩性都偏小,均属中等压缩性。各类尾矿土压缩指数有随深度增加而减小的规律。浅层压缩指数较大,尾砂土中有压缩指数随颗粒变细而增大的特点。

2.5.3　堆积尾矿的固结特性

为了探讨尾矿堆积随时间和埋藏深度的变化性质和特点,根据室内试验和野外测试成果将尾矿堆积坝按照使用前期、使用中期、近期分为三个阶段,按照每 7 年对尾矿物理力学性质进行统计,划分为三个区,即下区(固结区)、中区(欠固结区)、上区(非固结区),如表 2-14 所示。

表 2-14　不同区域尾矿物理力学特性统计

类型	区域	天然密度 ρ(g/cm^3)	天然孔隙比 e	渗透系数 垂直 K_V(cm/s)	渗透系数 水平 K_H(cm/s)
尾中砂	上	1.83	0.78	8.19×10^{-4}	2.02×10^{-3}
	中	2.04	0.65	4.99×10^{-4}	1.07×10^{-3}
	下	2.08	0.68	5.85×10^{-4}	9.40×10^{-4}
尾细砂	上	1.70	0.99	7.44×10^{-4}	1.15×10^{-3}
	中	2.05	0.68	3.637×10^{-4}	4.68×10^{-4}
	下	2.05	0.70	3.59×10^{-4}	5.56×10^{-4}
尾粉砂	上	1.69	1.00	1.78×10^{-4}	2.67×10^{-3}
	中	2.08	0.62	1.71×10^{-4}	2.72×10^{-4}
	下	2.18	0.66	2.24×10^{-4}	3.36×10^{-4}
尾粉土	上	1.77	0.98	2.56×10^{-4}	3.58×10^{-5}
	中	2.03	0.73	1.49×10^{-6}	2.09×10^{-6}
	下	2.07	0.70	1.61×10^{-5}	2.25×10^{-5}

从表 2-14 可以看出，随着沉积时间的增加，尾矿密度呈增加的趋势，孔隙比则呈下降趋势，渗透系数则减小。

同时，对 1989 年、2005 年 1～12 子坝相同钻孔位置进行钻孔、取原状样，研究相同位置处尾矿物理力学指标随时间的变化规律，如图 2-9、图 2-10 所示。

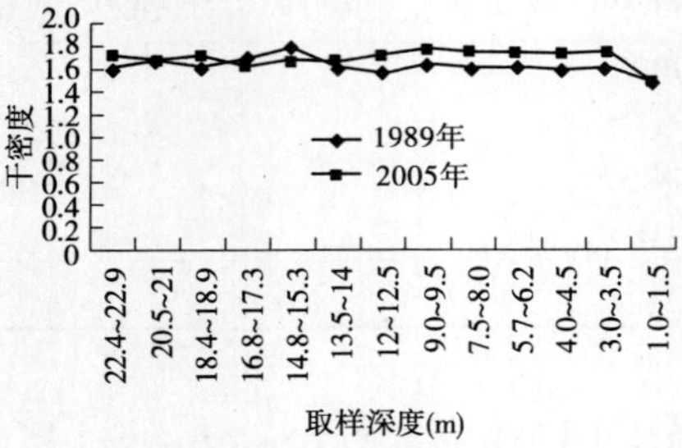

图 2-9　尾矿干密度随时间变化曲线图

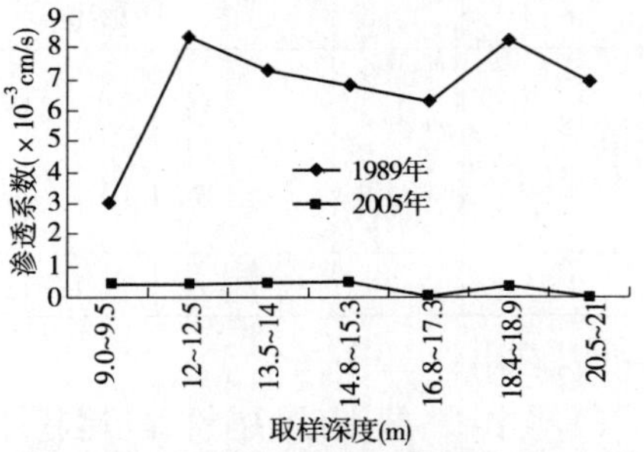

图 2-10　尾矿渗透系数随时间变化曲线

从图 2-9 和图 2-10 中看出，经过 16 年的变化，干容重增加 10% 左右，并对渗透系数有一定的影响。

2.6　尾矿动力特性

2.6.1　非线性变形参数

土体除时间效应外，还具有非线性、弹塑性等特性。在有限元分析时，目前应用较多的是邓肯－张提出的非线性弹性模型。基于康特那提出的土的应力—应变关系为双曲线形，以及简布提出的土的初始切线模量和侧限压力之间为幂函数关系，再结合摩尔－库仑破坏标准，推导出切线变形模量和切线泊松比表达式如下

$$E_t = \left[1 - \frac{R_f(1-\sin\varphi)(\sigma_1-\sigma_3)}{2C\cos\varphi + 2\sigma_3\sin\varphi}\right]^2 kp_a\left(\frac{\sigma_3}{p_a}\right)^n \tag{2-1}$$

$$\mu_t = \frac{G - F\log\dfrac{\sigma_3}{p_a}}{\left[1 - \dfrac{D(\sigma_1-\sigma_3)}{E_i(1-R_fS)}\right]^2} \tag{2-2}$$

式中的 8 个参数 k、n、R_f、G、C、φ、F、D 均为试验常数，可由三轴剪切试验求得，如表 2-15 所示。

表 2-15　邓肯－张模型的八个参数

土样	干密度(g/cm^3)	k	n	R_f	C(kPa)	φ(°)	G	F	D
中 1#	1.55	68	0.87	0.73	0	34.0	0.267	0.107	2.2
中 2#	1.65	227	0.51	0.85	0	36.9	0.289	0.110	2.4
细 1#	1.55	214	0.65	0.87	12	36.3	0.397	0.394	2.7
细 2#	1.72	222	0.73	0.66	24	38.8	0.326	0.025	5.4

2.6.2　尾矿动力特性

2.6.2.1　试验控制条件及设备

（1）固结应力条件。不同试验所控制的固结应力条件见表 2-16。

表 2-16　动三轴试验控制条件

种类	试样编号	试样	干密度（g/cm³）	固结应力比 k_c	固结围压 σ_{3c}（kPa）
扰动样	中 1#	尾中砂	1.55	1.2	200 400 600
	中 2#	尾中砂	1.65		
	细 1#	尾细砂	1.55		
	细 2#	尾细砂	1.72		
	粉 1#	尾粉砂	1.55		
	粉 2#	尾粉砂	1.65		
原状样		尾细砂	1.72		
		尾粉砂	1.65		
		尾粉土	1.65		
		尾粉质黏土	1.59		

（2）固结稳定标准。所有试样均为饱和试样，以孔隙水压力完全消散作为固结稳定标准。

（3）试验仪器。动三轴试验用微机控制多功能三轴试验机，振动波形为正弦波，振动频率为 1 Hz。

2.6.2.2　试验结果

各种试验结果见表 2-17、表 2-18 以及图 2-11～图 2-13。

表 2-17　动三轴试验结果

试样	干密度（g/cm³）	固结应力比 k_c	固结围压 σ_{3c}（kPa）	按弹性应变整理								
				$a10^{-3}$（MPa^{-1}）	$b10^{-2}$（kPa^{-1}）	E_{dmax}（MPa）	σ_{dmax}（kPa）	k	n	G_{dmax}（MPa）	τ_{dmax}（kPa）	$\gamma_r \times 10^{-3}$
细 1#	1.55	1.0	200	16.5	1.065	60.6	94	230	1.47	20.2	47	2.32
			400	4.9	0.201	204.1	498			68.0	249	3.66
			600	3.4	0.136	294.1	735			98.0	368	3.75
中 1#	1.55	1.0	200	11.7	0.604	85.5	166	375	1.17	28.5	83	2.91
			400	5.4	0.235	185.1	426			61.7	213	3.45
			600	3.2	0.162	312.5	617			104.2	309	2.96
粉 1#	1.55	1.0	200	7.9	0.880	126.6	114	646	0.92	42.2	57	1.346 56
			400	4.7	0.302	212.8	331			70.9	165	2.331 50
			600	2.8	0.199	357.1	502			119.0	251	2.109 81

续表 2-17

试样	干密度 (g/cm^3)	固结应力比 k_c	固结围压 σ_{3c} (kPa)	按弹性应变整理 $a10^{-3}$ (MPa^{-1})	$b10^{-2}$ (kPa^{-1})	E_{dmax} (MPa)	σ_{dmax} (kPa)	k	n	G_{dmax} (MPa)	τ_{dmax} (kPa)	$\gamma_r \times 10^{-3}$
尾粉质黏土	1.59	1.0	200	18.3	0.744	54.6	134	530.8	0.939	18.2	67	3.688 33
			400	10.6	0.250	94.3	399			31.4	200	6.345 03
			600	6.4	0.229	156.3	437			52.1	219	4.198 19
尾粉土	1.65	1.0	200	7.6	0.550	131.6	182	685.3	0.882	43.9	91	2.070 96
			400	4.8	0.157	208.3	636			69.4	318	4.580 74
			600	2.8	0.127	357.1	787			119.0	394	3.306 31
尾粉土	1.65	2.0	200	4.8	0.228	208.3	438	616.8	1.108	69.4	219	3.154 30
			400	3.6	0.103	277.8	968			92.6	484	5.224 96
			600	1.7	0.062	588.2	1 619			196.1	809	4.128 22

表 2-18 不同密度、不同围压、不同固结应力比下动孔压水平 u_{df}/σ_{3c} 值

(a)

固结应力比 k_c	破坏振次 N_f	固结围压 σ_{3c} (kPa)	中 1#控制干密度 1.55 g/cm^3 破坏标准 $\varepsilon_{df}=5\%$ u_{df}/σ_3	中 1#控制干密度 1.55 g/cm^3 破坏标准 $\varepsilon_{df}=10\%$ u_{df}/σ_3	中 2#控制干密度 1.72 g/cm^3 破坏标准 $\varepsilon_{df}=5\%$ u_{df}/σ_3	中 2#控制干密度 1.72 g/cm^3 破坏标准 $\varepsilon_{df}=10\%$ u_{df}/σ_3
1.0	10	200	0.82		0.87	
		400				
		600				
	20	200	0.84		0.86	
		400				
		600				
	30	200	0.85		0.86	
		400				
		600				
2.0	10	200	0.24	0.51	0.24	0.48
		400	0.20	0.39	0.13	0.32
		600	0.12	0.34	0.06	0.28
	20	200	0.27	0.54	0.27	0.50
		400	0.24	0.41	0.16	0.37
		600	0.14	0.36	0.06	0.28
	30	200	0.29	0.56	0.29	0.51
		400	0.27	0.43	0.17	0.40
		600	0.16	0.37	0.06	0.28

续表 2-18

(b)

固结应力比 k_c	破坏振次 N_f	固结围压 σ_{3c}(kPa)	细 1#控制干密度 1.55 g/cm³		细 2#控制干密度 1.72 g/cm³	
			破坏标准		破坏标准	
			$\varepsilon_{df}=5\%$	$\varepsilon_{df}=10\%$	$\varepsilon_{df}=5\%$	$\varepsilon_{df}=10\%$
			u_{df}/σ_3	u_{df}/σ_3	u_{df}/σ_3	u_{df}/σ_3
1.0	10	200				
		400	0.84		0.78	
		600				
	20	200				
		400	0.85		0.80	
		600				
	30	200				
		400	0.85		0.82	
		600				
2.0	10	200	0.25	0.53	0.50	0.71
		400	0.14	0.41	0.38	0.67
		600	0.16	0.44	0.20	0.60
	20	200	0.26	0.53	0.54	0.73
		400	0.16	0.42	0.39	0.68
		600	0.15	0.44	0.22	0.61
	30	200	0.27	0.52	0.56	0.74
		400	0.17	0.42	0.40	0.68
		600	0.14	0.44	0.24	0.61

(c)

固结应力比 k_c	破坏振次 N_f	固结围压 σ_{3c}(kPa)	粉 1#控制干密度 1.55 g/cm³		粉 2#控制干密度 1.72 g/cm³	
			破坏标准		破坏标准	
			$\varepsilon_{df}=5\%$	$\varepsilon_{df}=10\%$	$\varepsilon_{df}=5\%$	$\varepsilon_{df}=10\%$
			u_{df}/σ_m	u_{df}/σ_m	u_{df}/σ_m	u_{df}/σ_m
1.0	10	200				
		400	0.783		0.729	
		600				
	20	200				
		400	0.783		0.729	
		600				
	30	200				
		400	0.783		0.729	
		600				
2.0	10	200				
		400	0.200	0.400	0.070	0.210
		600				
	20	200				
		400	0.200	0.400	0.070	0.223
		600				
	30	200				
		400	0.200	0.400	0.070	0.231
		600				

续表 2-18

(d)

固结应力比 k_c	破坏振次 N_f	固结围压 σ_{3c}(kPa)	尾粉质黏土 破坏标准 $\varepsilon_{df}=5\%$ u_{df}/σ_{3c}	尾粉质黏土 破坏标准 $\varepsilon_{df}=10\%$ u_{df}/σ_{3c}	尾粉土 破坏标准 $\varepsilon_{df}=5\%$ u_{df}/σ_{3c}	尾粉土 破坏标准 $\varepsilon_{df}=10\%$ u_{df}/σ_{3c}
1.0	10	200	0.043		0.041	
		400				
		600				
	20	200	0.043		0.041	
		400				
		600				
	30	200	0.043		0.041	
		400				
		600				
2.0	10	200	0.017	0.030	0.038	0.042
		400				
		600				
	20	200	0.019	0.031	0.042	0.043
		400				
		600				
	30	200	0.021	0.032	0.046	0.044
		400				
		600				

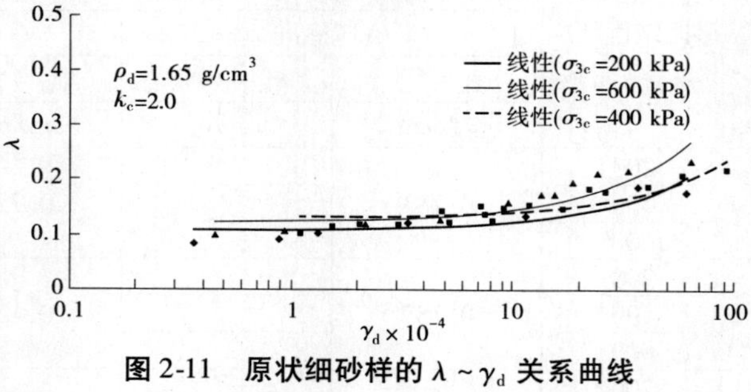

图 2-11　原状细砂样的 $\lambda\sim\gamma_d$ 关系曲线

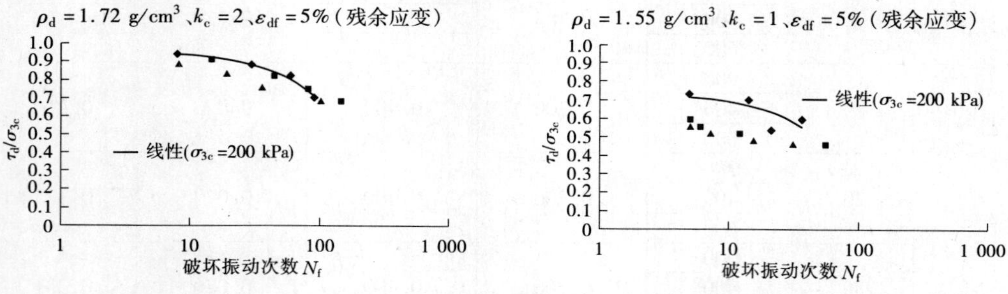

(a)　(b)

图 2-12　细 2# 样的动强度曲线

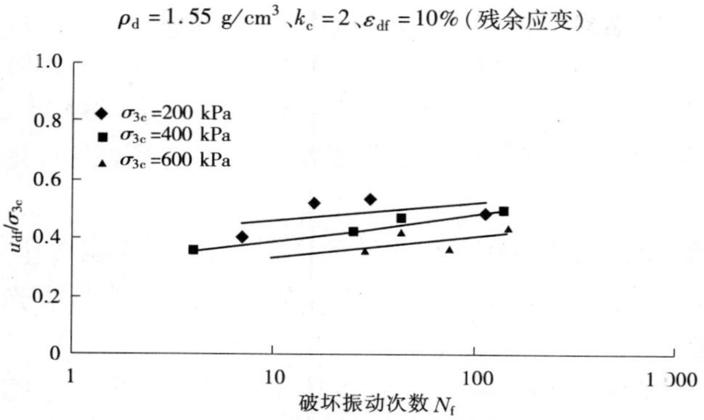

图2-13　中1#样的动孔压比与破坏振动次数关系曲线

(1)从表2-17看出:动弹性模量随尾矿土类的不同而变化,在同类条件下,尾粉砂高、尾中砂次之、尾细砂第三,尾粉质黏土最小;动弹性模量随动应变的增大而显著变小,而随固结围压 σ_{3c} 的增大而增大。栗西尾矿坝堆积尾矿原状土有一定的结构强度,其动强度、动弹性模量多比扰动尾矿样高。

(2)阻尼比 λ 随动应变的增大而增大(见图2-11),随固结压力 σ_{3c} 的增大而降低。

(3)动应力比在一定限度内随固结比 k_c 的增大而增大(见图2-13)。

(4)动孔压比随振次的增大而增大(见图2-13)。从表2-18看出:在均压固结条件下,当破坏振次大于等于10次时,三种尾矿砂(尾中砂、尾细砂和尾粉砂)样在不同密度下均可能发生液化;而在偏压固结条件下,当破坏振次小于等于30次时,都不会发生液化。原状的尾粉土和尾粉质黏土在不同固结应力条件下均不会发生液化。

2.7　小　结

(1)尾矿沉积规律:沉积滩面坡度约1%,宏观上具有上粗下细、坝前粗库尾细、西边粗东边细的特点。在垂直方向沉积尾矿中普遍分布粗细相间的夹层、互层、千层饼结构现象,总体上尾矿在结构上表现为不均一性和各向异性。尾矿在垂直方向上相对密度 D_r 上部以松散—稍密为主,下部密实状态为中密及密实;尾矿孔隙比 e 整体上由上至下变小趋势比较明显,说明固结及沉积时间的长短对尾矿孔隙比、密实度有一定的影响。

(2)尾矿的物理性质统计显示:尾矿的比重在同一平面上及垂直深度上差异不大,同一种土的天然密度及干密度下部比上部大;孔隙比尾中砂较大,对于同一种尾矿孔隙比亦随深度增加而逐渐减小;尾矿水平渗透系数大于垂直渗透系数。

(3)尾矿的力学性质:尾中砂、尾细砂、尾粉砂、尾粉土之间随着颗粒变细,C 值增大而 φ 值减小,同一种尾矿土随密度加大抗剪强度增大;对于粗粒尾矿(尾中砂、尾细砂、尾粉砂)直接快剪的指标较固结快剪的指标低,对于细粒尾矿(尾粉土、尾粉质黏土)固结快剪指标较直接快剪指标高。各类尾矿砂压缩系数除浅部探槽样稍高外,其余平均值均偏小,均属中等压缩性。尾粉砂、尾粉土、尾粉质黏土固结系数均较小,相差不大。各类尾矿土压缩指数有随深度增加而减小的规律。浅层压缩指数较大,尾砂土中有压缩指数随颗粒的变细而增大的特点。

(4)按照每7年对尾矿物理力学性质进行统计，尾矿坝在垂直方向上可划分为三个区，即下区（固结区）、中区（欠固结区）、上区（非固结区），随着沉积时间的增加，尾矿密度呈增加的趋势，孔隙比则呈下降趋势，渗透系数则减小。对1989年、2005年1～12子坝相同位置处尾矿物理力学指标随时间的变化规律研究显示尾矿特性随时间的增加，干密度增加10%左右。

(5)尾矿动力特性研究显示：在均压固结条件下，当破坏振次大于等于10次时，两种尾矿砂样在不同密度下均会发生液化；而在偏压固结条件下，当破坏振次小于等于30次时，都不会发生液化。

(6)用尾矿物理力学指标随时间的变化规律来指导其物理力学指标的统计及渗流、动力计算分析，更能反映尾矿坝实际，最大限度地克服采用一个或几个代表性的物理力学数值进行坝体渗流分析和稳定性分析与实际存在较大出入的缺陷。

第 3 章 高堆尾矿坝渗透控制优化研究

3.1 渗流计算的工程应用现状

尾矿坝浸润线(面)是指库内水位与放矿过程中入渗水形成的坝体内部地下水位线(面)。由于尾矿坝是自然沉积的散粒体,这就决定了坝体浸润线是尾矿坝的生命线,它是直接影响坝体安全的、非常重要的因素之一。影响尾矿坝地下水位高低的主要因素有尾矿坝的干滩长度、尾矿库地基透水性情况、尾矿颗粒沉积分级程度、尾矿沉积层的渗透性及其侧向变化、尾矿库内水位的高低等。当库内水位抬升,浸入干滩面过多时,在坝内会产生高的地下水位,并危及到坝体的稳定,在极端情况下,可能会造成漫坝或溃坝等灾害事故。国内外尾矿坝失事破坏大多数均由水引起,且主要为渗透破坏。例如:2008 年 9 月 8 日震惊世界的中国山西襄汾“9·8”特大尾矿库溃坝事故,该尾矿库在使用中突然发生溃坝,尾砂流失量约 20 万 m^3,沿途淤积大量泥沙,流经长度达 2 km,最大扇面宽度约 300 m,过泥面积 30.2 hm^2。巨大的泥石流冲毁了集贸市场、办公楼及下游部分村庄。遇难人数 277 人,为有报道的最大的尾矿库溃坝事故。

据分析,这次事故的直接原因是:堆积外边坡过陡;干滩距离过短,尾矿库超蓄尾矿水;在坡面浸润线出溢的情况下,没有及时采取科学降低浸润线或反滤贴坡的措施,错误地用黄土贴坡堵水,形成阻水斜墙,导致浸润线快速抬高,坝体边坡渗透破坏致使溃坝。

可见,地下水渗流状态成为控制坝坡稳定性和污染物迁移的决定性因素。因此,尾矿库地下水渗流状态的计算分析是尾矿库工程研究的关键性问题之一。

渗流稳定计算的目的是:

(1)确定坝体浸润线、坝体渗流量及溢出坡降,评价渗透稳定性。

(2)设计要求为静力、动力稳定分析提供浸润线剖面。

(3)通过地下渗流场的计算,模拟尾矿坝地下水位的变化情况,以寻求更有效的技术措施,如采取降水工程措施,降低坝体浸润线高度,对可能发生的事故进行预防,有助于安全生产管理,保障尾矿坝的安全。

(4)预测设计高程或加高到规划高程时的渗透稳定性,需要采取的防排水工程措施形式及数量。

根据《选矿厂尾矿设施设计规范》(ZBJ 1—1990)规定,一、二级山谷型尾矿堆积坝的渗流应按照三维计算或由模拟试验确定,三级及三级以下尾矿坝的渗流计算可按上游式尾矿坝的浸润线计算简化法。

目前,渗流控制分析的理论研究主要是对带有复杂防渗和排水系统的渗流场求解方法进行研究。对实际工程渗流问题,关键在于解决具有自由面渗流场的模拟求解方法和渗流控制分析中密集排水孔模拟及快速求解两大问题。在实际应用中,还未解决快速求解问题,在指导尾矿设施设计上还有差距,有待于进一步重点研究。

在渗流计算参数选取上,目前国内外对尾矿堆积坝进行渗流分析时对同一类土均采用一个有代表性的物理力学指标,没有考虑尾矿坝坝体不断变化的堆积特点和尾矿堆积体的物理力学指标随时间和埋藏深度的不同而有变化,这样的取值用来进行坝体渗流和稳定性分析与实际存在较大的出入,特别是对高堆尾矿坝体加高后坝体渗流分析预测存在较大差异[64]。

3.2 渗流基本理论及计算方法

3.2.1 饱和渗流达西定律

1856 年,法国工程师达西(Darcy)通过饱和砂土层的渗透试验,得出了渗透速度与水力梯度成正比的达西定律,可用式(3-1)表示为

$$V = K\frac{\Delta H}{L} = KJ \tag{3-1}$$

式(3-1)是在地下水做一维均匀运动下得到的。对于一般的三维情况,达西定律的微分形式为

$$V = KJ = -K\frac{\mathrm{d}H}{\mathrm{d}L} \tag{3-2}$$

在直角坐标系中,以 V_x,V_y,V_z 表示沿三个坐标轴方向的渗透速度分量,则有

$$\left.\begin{aligned} V_x &= -K_x\frac{\partial H}{\partial x} \\ V_y &= -K_y\frac{\partial H}{\partial y} \\ V_z &= -K_z\frac{\partial H}{\partial z} \end{aligned}\right\} \tag{3-3}$$

只要知道了水头函数 $H(x,y,z)$,就可以由式(3-3)得出渗流区内任意一点的渗透速度矢量 V,即

$$V = V_x\boldsymbol{i} + V_y\boldsymbol{j} + V_z\boldsymbol{k} \tag{3-4}$$

达西定律只适用于层流状态。

Missbach 给出了一个更为普遍的方程形式

$$J = aV + bV^m \quad (1.6 \leqslant m \leqslant 2) \tag{3-5}$$

式(3-5)称为指数形式的达西定律,该式适合紊流状态的渗流问题。

3.2.2 非饱和流达西定律

在实际工程中,土体常常是非饱和的,故必须考虑非饱和流情况。

$$V = K(\theta)\frac{\mathrm{d}\theta}{\mathrm{d}x} \tag{3-6}$$

$$V = -D(\theta)\frac{\partial\theta}{\partial x} \tag{3-7}$$

式中：$K(\theta)$为非饱和渗透系数；$D(\theta)$为扩散系数，$D(\theta) = -K(\theta)\frac{\partial s}{\partial \theta}$。

3.2.3　渗流方程

3.2.3.1　饱和渗流的连续性方程

$$-\left(\frac{\partial V_x}{\partial x} + \frac{\partial V_y}{\partial y} + \frac{\partial V_z}{\partial z}\right) = \rho g(\alpha + n\beta)\frac{\partial H}{\partial t} \tag{3-8}$$

式(3-8)表示水流在运动过程中渗透速度与水头的关系，是由 Jacob. Bear 在 1950 年给出的。

3.2.3.2　渗流基本微分方程

对于均质各向同性的稳定流，有

$$\frac{\partial^2 H}{\partial x^2} + \frac{\partial^2 H}{\partial y^2} + \frac{\partial^2 H}{\partial z^2} = 0 \tag{3-9}$$

式(3-9)即为均质各向同性稳定流的 Laplace 方程。

在实际工程中，往往要考虑抽水、注水、降雨及蒸发等情况。我们可以在基本微分方程中加入源汇项 W 予以考虑，可得

$$\frac{\partial}{\partial x}\left(K_x\frac{\partial H}{\partial x}\right) + \frac{\partial}{\partial y}\left(K_y\frac{\partial H}{\partial y}\right) + \frac{\partial}{\partial z}\left(K_z\frac{\partial H}{\partial z}\right) + W = S_s\frac{\partial H}{\partial t} \tag{3-10}$$

式中：W 称为源汇项，为位置和时间的函数。

3.2.3.3　非饱和渗流基本微分方程

$$\frac{\partial \theta}{\partial t} = \frac{\partial}{\partial x}\left[K(\theta)\frac{\partial H}{\partial x}\right] + \frac{\partial}{\partial y}\left[K(\theta)\frac{\partial H}{\partial y}\right] + \frac{\partial}{\partial z}\left[K(\theta)\frac{\partial H}{\partial z}\right] \tag{3-11}$$

式(3-11)即 Richards 方程。

3.2.3.4　饱和 - 非饱和渗流基本微分方程

Huyakorn 等于 1986 年提出了饱和 - 非饱和多孔介质中湿润相流体渗流方程，即

$$\frac{\partial}{\partial x}\left[K\cdot k_r(S_e)\frac{\partial \phi}{\partial x}\right] + \frac{\partial}{\partial y}\left[K\cdot k_r(S_e)\frac{\partial \phi}{\partial y}\right] + \frac{\partial}{\partial z}\left[K\cdot k_r(S_e)\frac{\partial \phi}{\partial z}\right] = n\frac{\partial S_w}{\partial t} + S_w S_s\frac{\partial \phi}{\partial t} \tag{3-12}$$

式中：$k_r(S_e)$为多孔介质的相对渗透率(relative permeability)，是多孔介质饱和度的函数。

3.2.4　渗流场与应力场耦合机理

多孔岩土介质中存在水头差的情况下，会引起其中水体的流动。在渗流过程中，产生渗流的动水力，它以渗透体积力的形式作用于岩土介质中，作为外部荷载的渗透力，会使岩土介质应力场发生变化，应力场的改变造成岩土介质位移场的随之变化。岩土介质变形场的改变使得岩土介质的孔隙比、孔隙率发生变化，由于多孔介质的渗透系数与其中孔隙的多少和孔隙大小及分布情况有关，所以孔隙比和孔隙率的变化必然引起介质渗透系数的改变，岩土介质的渗流场由此发生改变。所以说，岩土介质的渗流场与应力场是一个相互影响、相互作用的有机整体，二者存在着耦合作用。

3.2.4.1 渗流场对应力场的作用机理

渗流对应力的影响是通过渗流给介质施加力的作用来体现的。水流对土体的力主要分为两种:一种是水流对土体的垂直入渗力,即渗透静水压力;另一种是水流对土体的水平剪切力,即渗透动水压力。渗透静水压力是作用在某作用面上与法线方向一致的面力,渗透动水压力宏观表现为在渗流区域内分布的渗透体积力。根据渗流理论,渗透静水压力和渗流体积力可表示为

$$P = \gamma(H - z) \tag{3-13}$$

$$\boldsymbol{f} = \gamma \boldsymbol{J} \tag{3-14}$$

式中:P 为渗透静水压力;$\boldsymbol{f}$ 为渗流体积力矢量;$\boldsymbol{J}$ 为水力坡度,$\boldsymbol{J} = -\nabla H$。

3.2.4.2 应力场对渗流场的作用机理

应力对渗流的影响是通过应力使土介质的孔隙率发生变化,从而引起渗流场的变化。

从达西定律出发,渗透系数 K 可以用渗透率 k 表示为

$$K = k\frac{\rho g}{\mu} = k\frac{\gamma}{\mu} = k\frac{g}{\nu} \tag{3-15}$$

式中:μ 为动力黏滞系数($ML^{-1}T^{-1}$);ν 为运动黏滞系数(L^2T^{-1})。

$$K = K(\sigma_{ij}) \tag{3-16}$$

由上面的分析可以看出,应力场通过改变土体的体积应变和孔隙率而影响土体的渗透率,从而最终影响渗流场,这就是应力场对渗流场的影响机理。

3.2.5 渗流场与应力场耦合分析的数学模型

3.2.5.1 渗流场与应力场耦合模型的数学分析

$$\Delta\varepsilon_V = \frac{n}{E_w}\Delta P = \frac{n\gamma}{E_w}\Delta H \tag{3-17}$$

$$\Delta P = \frac{E_w}{n}\Delta\varepsilon_V \tag{3-18}$$

式(3-17)说明在渗流场中,地下水水头的变化可导致介质应力状态发生变化,引发应变;式(3-18)说明在应力场中,应力的变化引发应变,从而促使渗流场中的水头等要素随之发生变化。这就是渗流场与应力场相互耦合作用的数学显现。

3.2.5.2 应力场影响下的稳定渗流场数学模型

由以上分析可以得到应力场影响下的稳定渗流场数学模型为

$$\left.\begin{aligned}
&\frac{\partial}{\partial x}\left[K(\sigma_{ij})\frac{\partial H}{\partial x}\right] + \frac{\partial}{\partial y}\left[K(\sigma_{ij})\frac{\partial H}{\partial y}\right] + \frac{\partial}{\partial z}\left[K(\sigma_{ij})\frac{\partial H}{\partial z}\right] = 0 \qquad (x,y,z) \in \Omega \\
&H(x,y,z) = H_1(x,y,z) \qquad (x,y,z) \in \Gamma_1 \\
&K(\sigma_{ij})\frac{\partial H}{\partial n_2} = q(x,y,z) \qquad (x,y,z) \in \Gamma_2 \\
&H(x,y,z) = z \qquad K(\sigma_{ij})\frac{\partial H}{\partial n_3} = 0 \qquad (x,y,z) \in \Gamma_3
\end{aligned}\right\} \tag{3-19}$$

式中:Ω 为渗流区域;Γ_1 为已知水头边界;$H_1(x,y,z)$ 为其上水头分布;Γ_2 为已知流量边界;n_2 为 Γ_2 法线方向;$q(x,y,z)$ 为 Γ_2 上的流量分布;Γ_3 为渗流自由面边界;n_3 为 Γ_3 法

线方向；$K(\sigma_{ij})$为渗透系数，为应力场的函数。

3.2.5.3　渗流场影响下的应力场数学模型

渗流场影响下的应力场数学模型为

$$\left.\begin{aligned}&\sigma_{ji,j}+f_i=0\quad(x,y,z)\in\Omega\\&\varepsilon_{ij}=\frac{1}{2}(u_{i,j}+u_{j,i})\quad(x,y,z)\in\Omega\\&\sigma_{ij}=\lambda\varepsilon_V\delta_{ij}+2G\varepsilon_{ij}\quad(x,y,z)\in\Omega\\&\sigma_{ji}n_j=S_i\quad(x,y,z)\in S_\sigma\\&u_i=R_i\quad(x,y,z)\in S_u\end{aligned}\quad(i,j=1,2,3)\right\}\tag{3-20}$$

式中：f_i 为渗透体积力，与渗流场水头分布有关；σ_{ij}为应力张量场，$\sigma_{ij}=\sigma_{ij}(x,y,z)$；$\Omega$ 为应力场区域，与渗流场区域一致；ε_{ij} 为应变张量场，$\varepsilon_{ij}=\varepsilon_{ij}(x,y,z)$；$u_i$ 为位移场，$u_i=u_i(x,y,z)$；λ、G 为土体弹性常数；ε_V 为体积应变，$\varepsilon_V=\varepsilon_{ii}$；$\delta_{ij}$为 Kronecker 符号；$S_\sigma$ 为已知面力边界；n_j 为其法线方向余弦；S_i 为已知面力分布，是渗透水头分布 $H(x,y,z)$ 的函数；S_u 为已知位移边界；R_i 为已知边界上已知位移分布。

将式(3-19)和式(3-20)联立，便得到了渗流场与应力场耦合分析的数学模型。

3.2.5.4　渗流场与应力场耦合分析的有限元方法

可得到耦合分析的渗流场水头分布和应力场分布分别为

$$\left.\begin{aligned}H(x,y,z)&=\frac{1}{2}[H_n(x,y,z)+H_{n+1}(x,y,z)]\\\sigma_{ij}(x,y,z)&=\frac{1}{2}[\sigma_{ij}^n(x,y,z)+\sigma_{ij}^{n+1}(x,y,z)]\end{aligned}\right\}\tag{3-21}$$

3.3　尾矿坝渗流场与应力场耦合的二维数值计算

3.3.1　计算模型及参数确定

计算时选取的断面为尾矿坝中心最大断面。由于尾矿坝下面为未风化的基岩，因此在计算中不予考虑。选取剖面的底面高程为 1 136 m，顶部高程为 1 300 m。计算区域的水平距离为 1 135 m，尾矿库滩面选取长度为坝顶后 510 m。将计算区域利用软件 Geo-Slope离散为四边形单元，单元结点总数为 1 320 个，单元总数为 1 211 个[65]，剖分结果如图 3-1 所示。

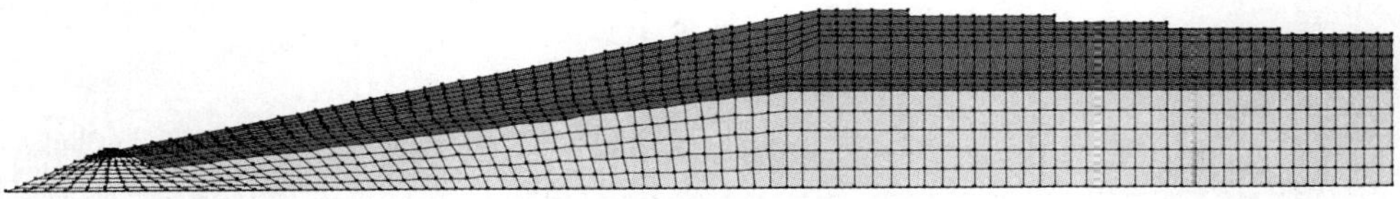

图 3-1　计算区域网格剖分图

将尾矿库土层简化为尾中砂、尾粉砂和尾细砂三层。计算时尾矿库内土层本构模型选用弹性非线性，初期坝选用线弹性模型，其弹性模量 $E=3E+8$ kPa，泊松比 $\mu=0.36$，参数如表 3-1 所示。

表 3-1　尾矿坝土层计算参数

项目	尾中砂	尾细砂	尾粉砂	块石、碎石(初期坝)
渗透系数 K(m/s)	6×10^{-6}	4.8×10^{-7}	5.8×10^{-8}	2×10^{-4}
饱和容重(kN/m³)	21.4	19.3	21.2	25
破坏比 R_f	0.71	0.855	0.66	
黏聚力 C(kPa)	4	14	9	
摩擦角 φ(°)	32	26	30	
K(load)	227	214	222	
K(bulk)	68	107	155	
n	0.87	0.65	0.73	
m	0.41	0.18	0.71	
K(ur)	522	657	727	

根据尾矿坝工程特点及研究需求，数值计算将分渗流场情况、应力场情况、渗流场与应力场耦合情况以及不同干滩长度时的耦合结果等方案。

3.3.2　尾矿坝二维渗流分析

为了进一步探讨尾矿坝渗流影响因素，用 Geo - Slope 软件进行计算，对不考虑应力场的渗流场与考虑了应力场的耦合渗流场进行了分析研究，如图 3-2 ~ 图 3-7 所示。

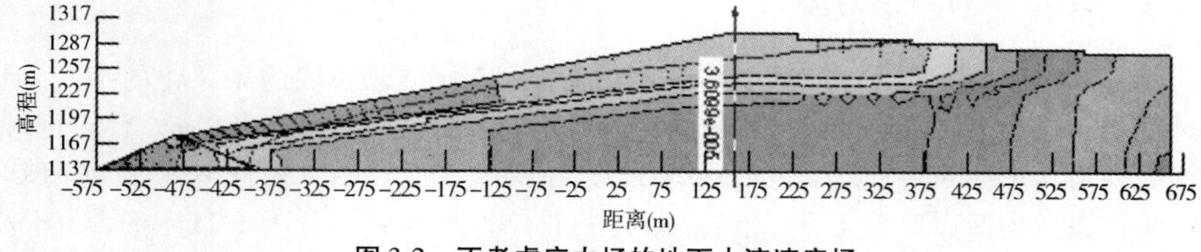

图 3-2　不考虑应力场的地下水流速度场

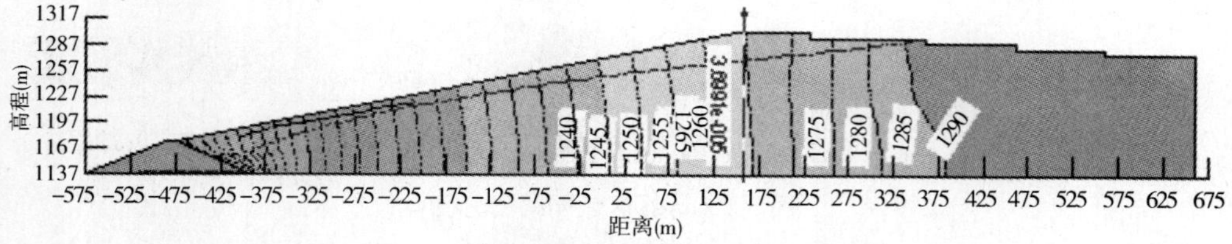

图 3-3　考虑应力场耦合的地下水流速度场

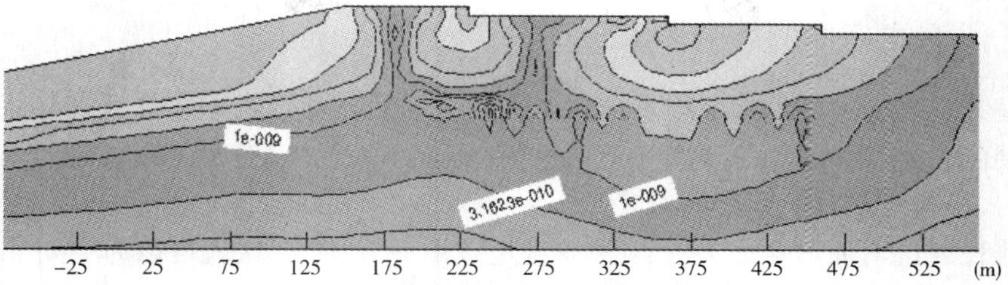

图 3-4　不考虑耦合情况的 y 向速度等值线图

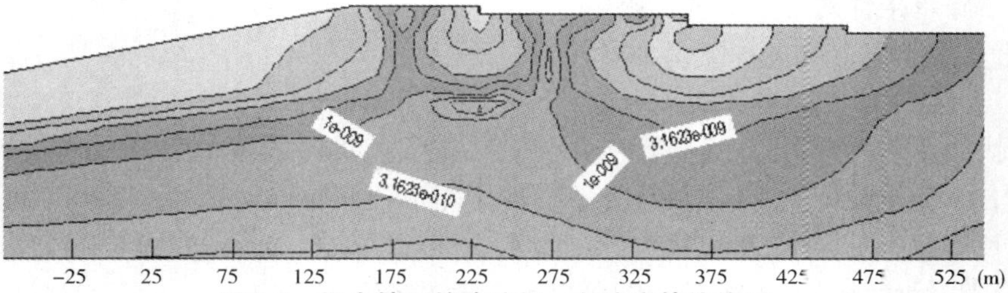

图 3-5　耦合情况的渗流场 y 向速度等值线图

计算结果：

(1)考虑应力场耦合的地下水流速度场的计算浸润线与实测浸润线较为接近。

(2)在工程实际情况下干滩长度增加 100 m，尾矿坝的渗流量减少 14%左右，在工程中应尽量增加干滩长度。

(3)在不同的降水条件下，若不考虑尾矿库内水位的抬高，降水对渗流场影响不大。

(4)随着 K_x/K_y 的增加尾矿坝的渗流量也逐渐增大，因此要加强放矿管理，改善尾矿沉积特性。

(5)根据计算结果，在保证干滩长度和排渗系统正常运行的情况下，对坝坡渗透稳定来说是安全的。

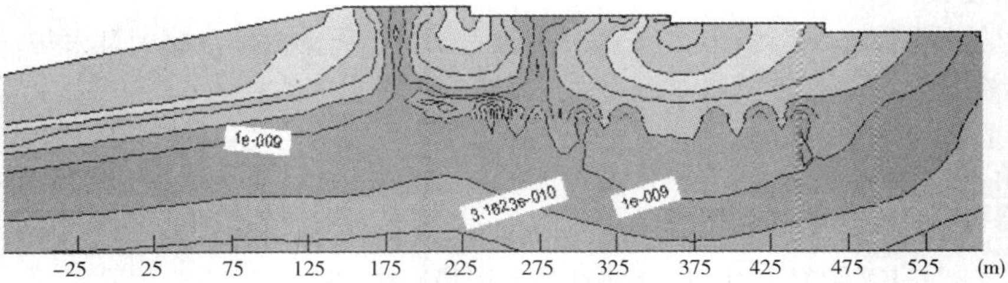

图 3-6　不考虑耦合情况的 y 向速度等值线图

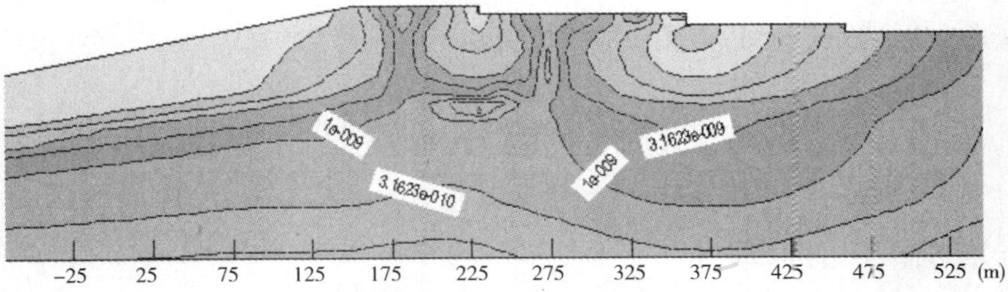

图 3-7　耦合情况的渗流场 y 向速度等值线图

3.3.3 浸润线高低的影响因素

浸润线的高低是影响渗流稳定的重要因素，浸润线越低，坝体越趋于稳定。下面主要研究不同的干滩长度、降水条件、渗透系数各向异性等因素对浸润线的影响。

3.3.3.1 干滩长度对浸润线的影响

干滩长度每增加 100 m，尾矿坝的渗流量减少 14% 左右，这就可以为不同干滩长度下的渗流量作出定量的预测，用以指导工程实践。

3.3.3.2 降水条件对浸润线的影响

降水条件下尾矿坝的渗流量为

$$3.700\,7 \times 10^{-5} \times 24 \times 3\,600 = 3.197(\mathrm{m^2/d})$$

可见，降水对尾矿坝渗流场影响不大，考虑降水条件的渗流量仅比不考虑时的大 0.5% 左右。值得说明的是，本设计方案在考虑降水条件时未考虑由于降水导致库水位升高、干滩长度减小等因素，所以在实际中降水条件对尾矿坝渗流场的影响比本设计方案计算结果要大，但应该还在一个较小的可以不予考虑的范围之内。

3.3.3.3 渗透系数各向异性对浸润线的影响

土体在形成过程中，由于颗粒的物质组成、结构和所受的应力历史在各个方向有所不同，这就导致了土体性质的各向异性。在以上的分析中，认为尾矿坝材料为各向同性的。为了研究尾矿库材料各向异性对尾矿坝渗流场的影响，设计计算了 $K_y/K_x=10$ 和 $K_y/K_x=100$ 时的渗流场情况，经比较，随着 K_y/K_x 的增加，尾矿坝的渗流量也是逐渐增大的。

利用大型软件 Geo－Slope 对金堆城栗西尾矿坝的渗流场问题进行了数值模拟计算。对比分析了只单独考虑渗流场和单独考虑应力场与考虑两场耦合的情况，并计算分析了影响尾矿坝浸润线的因素，可以得出如下结论：

(1)考虑渗流场与应力场耦合情况下尾矿坝的渗流量要比单独只考虑渗流场情况下的渗流量要大；

(2)在耦合情况下，沉降变形要比只单独考虑应力场的沉降量要稍微大些；

(3)在耦合场中 x 向、y 向总应力均比单独应力场总应力要大；

(4)在耦合场中的 x 向、y 向总应力与单独应力场总应力在 $y=1\,170$ m 高程以上二者较为接近，在此高程以下，耦合场中的总应力急剧增大，这充分表明了渗流场对应力场的影响；

(5)干滩长度每增加 100 m，尾矿坝的渗流量减少 14% 左右；

(6)降水对尾矿坝渗流场影响不大；

(7)随着 K_y/K_x 的增加，尾矿坝的渗流量也是逐渐增大的。

3.4 尾矿坝加高三维渗流控制优化分析研究

3.4.1 堆积尾矿的物理性质

表 3-2 为钻孔样分层渗透试验成果统计表。从表 3-2 中可以看出各类尾矿垂直渗透

系数和水平渗透系数变化规律性较合理，基本反映了尾矿的渗透特征，反映了尾矿的各向异性特征，随着压力增大，孔隙比减小，其渗透系数逐渐减小。

表 3-2　钻孔样分层渗透试验成果统计

土类名称	统计参数	渗透系数(cm/s)	
		垂直 K_V	水平 K_H
尾中砂(上)	组数	94	94
	最小值	1.03×10^{-4}	1.65×10^{-4}
	最大值	6.35×10^{-3}	1.02×10^{-2}
	平均值	1.10×10^{-3}	1.76×10^{-3}
尾中砂(下)	组数	51	51
	最小值	1.01×10^{-5}	1.62×10^{-5}
	最大值	5.70×10^{-4}	9.12×10^{-4}
	平均值	2.37×10^{-4}	3.79×10^{-4}
尾粉砂(上)	组数	25	25
	最小值	1.35×10^{-5}	2.03×10^{-5}
	最大值	3.70×10^{-3}	5.55×10^{-3}
	平均值	6.46×10^{-4}	9.68×10^{-4}
尾粉砂(下)	组数	93	24
	最小值	6.72×10^{-7}	1.01×10^{-6}
	最大值	8.43×10^{-4}	1.26×10^{-3}
	平均值	1.83×10^{-4}	2.81×10^{-4}

3.4.1.1　尾矿坝的水位观测

在 2005 年 10 月 9 日库区经降水治理后对浸润线降幅较大的 18 期子坝以下的钻孔又进行了稳定水位测量，其结果见表 3-3。

表 3-3　降水治理后勘察钻孔水位观测

孔号	ZK113	ZK114	ZK115	ZK116	ZK213	ZK214	ZK215	ZK216	ZK217	ZK218	ZK316	ZK317
水位(m)	7.90	7.10	6.70	6.50	7.36	7.10	6.87	6.40	4.76	11.00	7.00	6.50
孔号	ZK318	ZK319	ZK320	ZK321	ZK412	ZK413	ZK414	ZK415	ZK416	ZK417	ZK418	
水位(m)	5.10	4.90	4.10	9.50	8.27	7.10	7.80	6.38	6.00	5.40	10.00	

3.4.1.2　尾矿坝渗流量观测

要对尾矿坝已建成的 9 个辐射井、20 个水平孔、一个交通洞渗流量进行隔日观测。其总排渗量为 32 000 m^3/d。渗流量观测记录见表 3-4。

表 3-4　渗流量观测记录

井孔号	1#	2#	3#	4#	5#	6#	7#	8#、9#	总渗水量
渗流量 (m^3/d)	1 611.12	1 376.10	957.20	970.11	1 076.26	1 231.14	957.26	2 213.46	20 073.14
井孔号	5－4 4－2	4－3	14－1	14－2	16－1	3－6	3－5	3－4	3－3
渗流量 (m^3/d)	98.73	76.27	67.14	140.26	101.26	141.26	26.22	136.11	12.21
井孔号	3－2	3－1	8－2	8－1					
渗流量 (m^3/d)	127.31	61.26	100.26	121.31					

3.4.1.3　尾矿坝浸润线观测

对库区已建的水位观测孔每日进行观测，从 2005 年 7 月 5 日至 2005 年 10 月 13 日共计 57 个孔观测 4 275 次。降水治理前后辐射井水位埋深见表 3-5。

表 3-5　降水治理前后辐射井水位埋深一览表

项目	井孔号								
	1#	2#	3#	4#	5#	6#	7#	8#	9#
成井前(m)	4.00	3.00	3.00	4.00	4.80	4.20	7.00	10.50	8.13
降水后(m)	11.50	10.40	11.00	10.20	11.00	10.10	9.40	11.56	9.30

3.4.1.4　渗流稳定性分析的土(岩)物理特性指标建议值

尾矿的主要物理性能指标建议值见表 3-6。

表 3-6　尾矿的主要物理性能指标建议值

土类名称	天然重度 γ(kN/m^3)	干重度 γ_d(kN/m^3)	孔隙比 e	渗透系数(cm/s)	
				垂直 K_V	水平 K_H
尾中砂(上)	18.0	15.1	0.93	1.10×10^{-3}	1.76×10^{-3}
尾中砂(下)	19.2	15.7	0.81	2.37×10^{-4}	3.79×10^{-4}
尾细砂	19.0	15.6	0.87	4.09×10^{-4}	6.34×10^{-4}
尾粉砂(上)	18.1	15.4	0.94	6.46×10^{-4}	9.68×10^{-4}
尾粉砂(下)	19.4	15.9	0.79	1.83×10^{-4}	2.81×10^{-4}
尾粉土	19.8	16.0	0.81	1.55×10^{-5}	2.18×10^{-5}
尾粉质黏土	19.8	16.0	0.83	6.79×10^{-7}	8.15×10^{-7}
黏土夹碎石	20.5	16.8	0.62	2.01×10^{-6}	5.21×10^{-6}

3.4.1.5　尾矿库水位边界

栗西尾矿库水位边界条件见表3-7。

表3-7　栗西尾矿库水位边界条件

坝高组合	运行水位(m)	干滩长度(m)	调洪水位(m)	干滩长度(m)
当前坝高(1 270 m)	1 261	1 000	1 262.1	880
中间坝高(1 300 m)	1 291	900	1 292.3	720
最终坝高(1 330 m)	1 321	800	1 322.28	700

3.4.2　尾矿库渗流计算分析基本理论

渗流控制分析的理论研究，主要是对带有复杂防渗和排水系统渗流场求解方法进行研究。对于实际工程渗流，关键在于解决两大问题：一是具有自由面渗流场的模拟求解方法；二是渗流控制分析中密集排水孔模拟及快速求解问题。

3.4.2.1　具有自由面渗流场分析的干区虚拟流动不变网格法

具有自由面渗流场的数值分析计算，由于在计算中自由面边界是未知的，使得渗流计算变得复杂和困难，通常用迭代逼近的方法来求其近似解。具体的算法包括变网格迭代和固定网格迭代。早期方法是将自由面作为可动边界处理的变网格法。此法直接引用20世纪60年代中期Zienkiewicz等最初解简单有压流问题时的方法[66]，在求解迭代过程中修改自由面，并使网格发生相应的改变，直到自由面稳定为止[67,68]。

为解决上述问题，国内外一些学者致力于研究有自由面渗流问题分析的新算法。这些算法的核心是在计算中保持网格不变，自Neuman于1973年提出用不变网格分析有自由面渗流问题的Galerkin方法以来，出现了多种固定网格法，如稳定渗流计算的剩余流量法，并于1983年推广到非稳定渗流计算；变分不等式方法，单元渗透矩阵调整法，稳定渗流计算的初流量法，结点虚流量法，虚单元法，稳定渗流计算的截止负压法[69-76]等。

本书从渗流的物理特征出发，提出一种具有自由面渗流场分析的干区虚拟流动不变网格方法。

1)饱和渗流基本方程及有限元分析计算式

众所周知，对于饱和渗流，基本方程为

$$K_x \frac{\partial^2 H}{\partial x^2} + K_y \frac{\partial^2 H}{\partial y^2} + K_z \frac{\partial^2 H}{\partial z^2} = 0 \tag{3-22}$$

式中：(x,y,z)为渗流主方向；K_x，K_y，K_z为主方向渗透系数；H为水头势。

取8节点等参单元离散渗流场，则单元内的水头分布为

$$H(x,y,z) = \sum_{i=1}^{8} N_i H_i \tag{3-23}$$

2)干区虚拟流动不变网格模拟分析方法

由带有自由面渗流问题的物理特征知：①自由面上任一点的水头势必等于相应点处

的位置势（或压力水头势 $P/\gamma=0$）；②自由面两侧不存在水流的交替，亦即自由面又相当于隔水边界。

根据工程实践经验和数值计算分析总结，仅需将干区介质的渗透性缩小 100 ~ 1 000 倍，即可达到模拟自由面相对隔水性的物理特性。这样，干区与饱和区可以进行统一求解。然而，统一求解的流场，在干区内是没有实际物理意义的，属于一种虚拟流动。为此，不妨称本书的方法为“干区虚拟流动法”。于是，式（3-22）不仅适用于饱和区渗流的水流运动描述，亦适用于自由面以上干区的虚拟流动描述，从而得到关于具有自由面渗流饱和区域与干区的统一描述关系，即

$$K_x \frac{\partial^2 H}{\partial x^2} + K_y \frac{\partial^2 H}{\partial y^2} + K_z \frac{\partial^2 H}{\partial z^2} = 0$$

其中

$$K_x = K_x(p) = \mu(p) K_{x,s} \tag{3-24}$$

$$K_y = K_y(p) = \mu(p) K_{y,s} \tag{3-25}$$

$$K_z = K_z(p) = \mu(p) K_{z,s} \tag{3-26}$$

$$\mu(p) = \begin{cases} 1.0 & (p \geqslant 0) \\ 1.0 \times 10^{-3} & (p < 0) \end{cases} \tag{3-27}$$

式（3-24）~ 式（3-26）中：$K_{x,s}$，$K_{y,s}$，$K_{z,s}$ 为介质的饱和渗透系数（亦即常规定义的渗透系数）。

3.4.2.2 渗流控制分析中密集排水孔模拟的新方法

排水孔是实际工程特别是水工建筑物中极为重要的渗控措施之一，应用非常广泛。前人关于渗流控制分析中对排水孔模拟的研究成果，大致可分为以下三类方法：①以沟代井法[77,78]，即将离散布置的排水孔通过某种等效原则，以连续的排水沟模拟；②节点水位约束法[79]，该方法是在有限元网格形成时，将节点置于排水孔轴线上，通过水位约束模拟排水孔的作用；③排水子结构法[80,81]，该方法由张有天等率先提出，其基本思想是，根据排水孔的走向，布置较为合适的母单元，于母单元内围绕排水孔再布置尺寸较小的单元，逐步过渡到与母单元周边相衔接，从而形成一个“子结构”，并根据排水孔的性质，将排水孔壁上的节点视为边界约束节点。同时，为解决存储量过大，对子结构引用“凝聚”方法，将排水孔的作用“凝聚”到母单元节点上，从而较真实全面地模拟了排水孔的作用机制和效应。

但当“排水子结构”用于众多排水孔时，其子结构形成和计算的工作量是浩繁和巨大的。本书首先研究单个排水孔作用的准解析表达式，然后应用干扰井群的叠加原理，推广到一个单元内含多个排水孔的情况。

1）排水孔几何边界的数学描述

已知排水孔的轴线方程，设排水孔的半径为 r_0，则可推得排水孔壁面的几何解析关系式为

$$\left.\begin{aligned} &L(x-x_G)+m(y-y_G)+n(z-z_G)=t && (-L\leqslant t\leqslant L) \\ &(x-x_G)^2+(y-y_G)^2+(z-z_G)^2=t^2+r_0^2 && (-L\leqslant t\leqslant L) \end{aligned}\right\} \tag{3-28}$$

式（3-28）即为排水孔壁面上任一点必须满足的关系。也就是说，满足式（3-28）的点，必位

于排水孔壁面上。

2）边界条件分析及单个排水孔的准解析式

单个排水孔作用下的准解析式为

$$S=\frac{(s_A+s_B)L}{L+2R\left(\ln\frac{4L}{r_0}-1\right)}-\frac{kR(s_A+s_B)}{2\sqrt{c}\left[L+2R\left(\ln\frac{4L}{r_0}-1\right)\right]}\times\ln\left[\frac{\sqrt{c}\ \sqrt{a^2-2bL+cL^2}-(b-cL)}{\sqrt{c}\ \sqrt{a^2+2bL+cL^2}-(b+cL)}\right] \tag{3-29}$$

同时，由式（3-28）可求得排水孔段 AB 在孔段端点降深为 s_A、s_B 时的排渗流量为

$$Q_{AB}=q\cdot 2L=\frac{4\pi kRL(s_A+s_B)}{L+2R\left(\ln\frac{4L}{r_0}-1\right)} \tag{3-30}$$

3）排水孔群的相互干扰作用分析

对于密集型排水孔布置来说，将单元体内的 n 个排水孔段等效为长度相等的 n 个排水孔段，并假定等效后 n 个排水孔段的排渗流量相等。推得在 n 个排水孔段联合作用下，孔段群几何形心处的降深与总体排渗流量之间的关系。

$$Q=\frac{8\pi k\cdot nRLs_0}{2nL-R\ln[F_{01},F_{02},F_{03},\cdots,F_{0n}]} \tag{3-31}$$

式中：n 为排水孔段个数；R 为影响半径；L 为 n 个排水孔段平均长度的 1/2；s_0 为 n 个排水孔段几何形心处的降深；F_{0i} 为第 i 个排水孔段对 n 个排水孔段几何形心 O 点处降深的影响函数。

3.4.2.3　计算分析程序及其应用简介

栗西尾矿库三维渗流控制分析计算采用河海大学渗流实验室自行研制开发的复杂三维渗流控制分析计算程序（SPGCR－3. FOR）。

3.4.3　尾矿库渗流控制计算分析研究

3.4.3.1　三维渗控模型的建立

我们全面充分利用地质工程勘察中的剖面资料，并与地质、渗流专家多次交流、沟通，在经过多次修改完善的基础上建立了栗西尾矿库三维渗流控制网格模型。栗西尾矿库各剖面图见图 3-8 ~ 图 3-11。

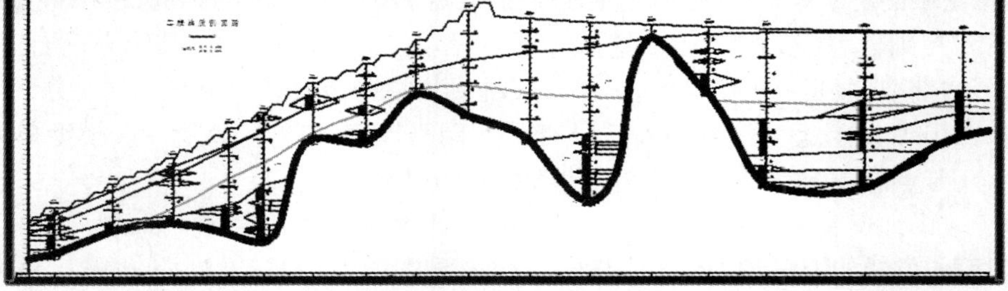

图 3-8　栗西尾矿库 1—1 勘察剖面图

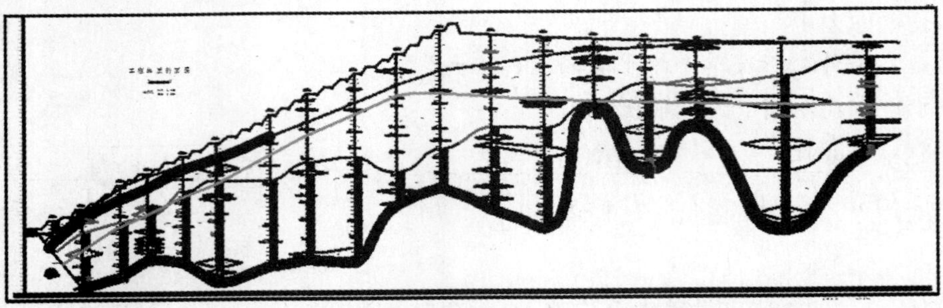

图 3-9　栗西尾矿库 2—2 勘察剖面图

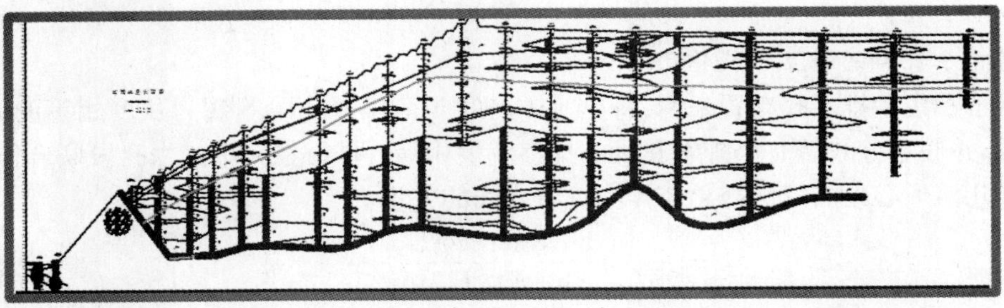

图 3-10　栗西尾矿库 3—3 勘察剖面图

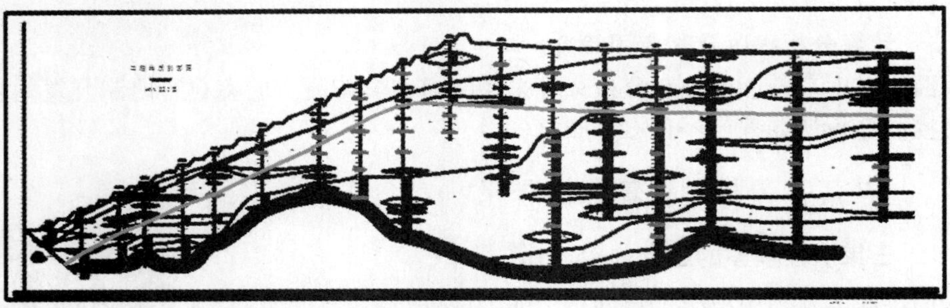

图 3-11　栗西尾矿库 4—4 勘察剖面图

根据图中的勘察尾矿分区,并进行必要的归并,共划分尾矿沉积层:尾中砂(上)、尾中砂(下)、尾细砂、尾粉砂(上)、尾粉砂(下)、尾粉土、尾粉质黏土、黏土夹碎石。此外,还考虑了初期坝、建坝前的天然地基、施工交通廊道混凝土及其填筑料的材料分区。按最终坝高 1 330.0 m 考虑。最终坝高三维有限元网格模型如图 3-12 所示。模型单元总数 37 165 个,节点总数 39 095 个。其中,包含已建辐射井 9 个。

为了较详细反映尾矿库的三维模型剖分,这里选取了部分典型剖面的切取剖面网格模型,剖面的位置如图 3-12 所示。同时,为了方便表达以后的三维渗控结果,也将主要以典型剖面渗流场形式表达。渗流场的剖面位置亦与图 3-12 中的位置对应。现将典型剖面网格模型示于图 3-13 ~ 图 3-16。

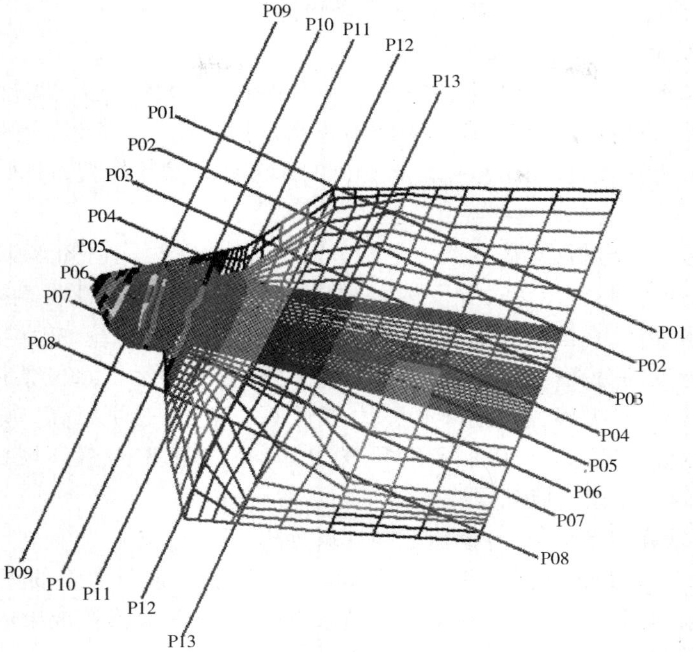

图 3-12　典型剖面位置图

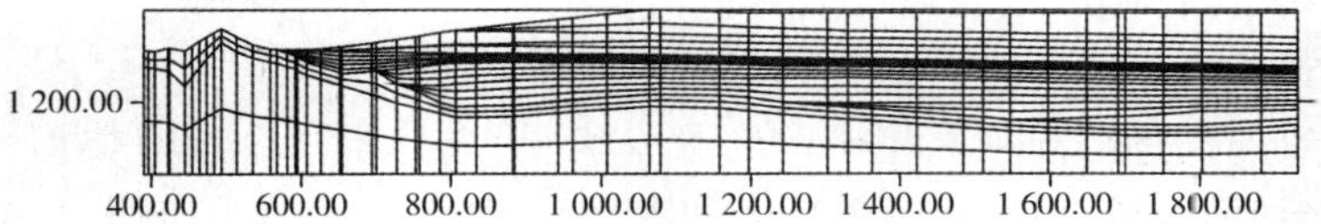

图 3-13　典型剖面 P04 网格图

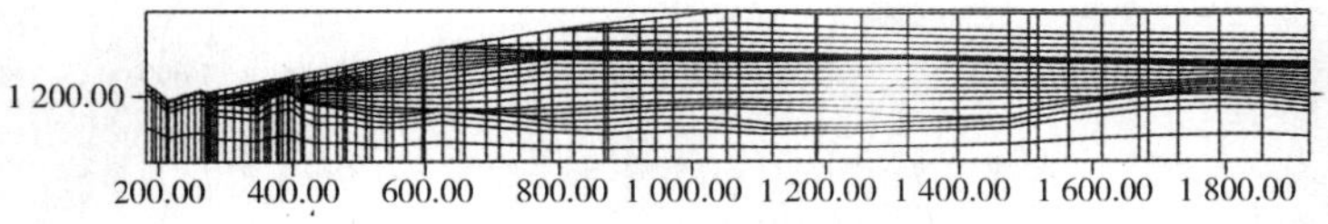

图 3-14　典型剖面 P05 网格图

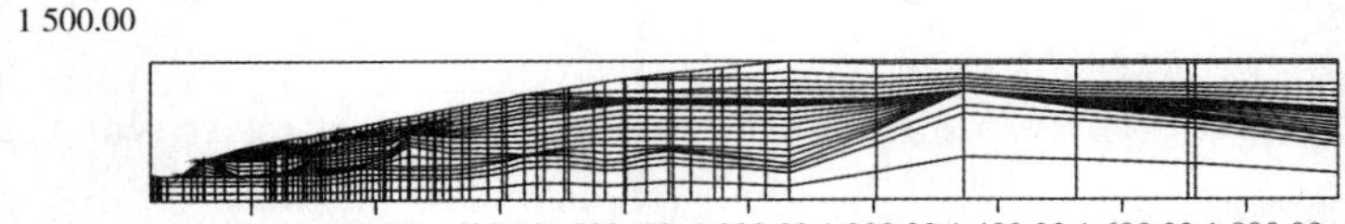

图 3-15　典型剖面 P06 网格图

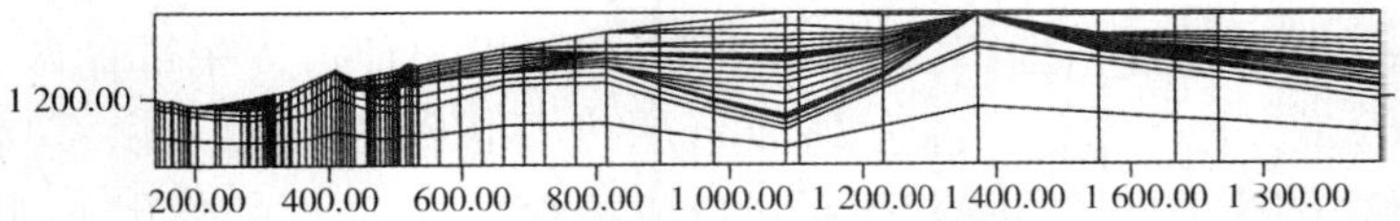

图 3-16　典型剖面 P07 网格图

3.4.3.2　**栗西尾矿库渗控尾矿渗透性参数及边界条件**

1)渗透性参数

以当前坝高渗控拟合形式,对尾中砂(下)、尾粉砂(下)的渗透性实行拟合计算分析,其目标是尽量使得渗控浸润线埋深与观测地下水位埋深相当、排渗总流量相当。经达数十组次的计算分析比较,提出了渗控计算分析的渗流计算参数如表3-1所示。

2)边界条件

在渗流控制计算分析中,边界条件主要有以下几种情况:①已知水头边界;②已知流量边界;③浸润面边界;④出渗边界。然而,边界条件概化的合理性将直接影响到最终计算分析成果的可靠性,在当前坝高情况下,模拟已建立的排渗系统,按照实测的流量和实测的浸润线进行反馈分析。在实际尾矿库运行时的上下游运行水位条件。上游水下边界:这部分边界比较明确,按已知水头边界计算。对于三种坝高,分别为当前坝高(1 270.0 m)-水位1 262.1 m、中间坝高(1 300.0 m)-1 292.3 m、最终坝高(1 330.0 m)-1 322.28 m。干滩长度按对应工况确定。

3.4.3.3　**当前坝高(1 270.0 m)渗流控制计算分析**

库水位为1 262.1 m,勘测干滩长度为880.0 m。我们通过大量的模拟计算分析,拟合了与现场勘察地下水位较为相近的一组结果,现将当前坝高渗控成果依次论述如下。

1)计算分析区域整体渗流场

为了描述当前坝高尾矿库整体区域渗流场,我们采用整体区域潜水面等值线图和有关典型剖面渗流场两种方式加以表达。

2)典型剖面渗流场

为了较细致地描述当前坝高尾矿库的渗流状况,选择了几个具有典型性和控制性的剖面,现将所选剖面的渗流场示于图3-17和图3-18中。

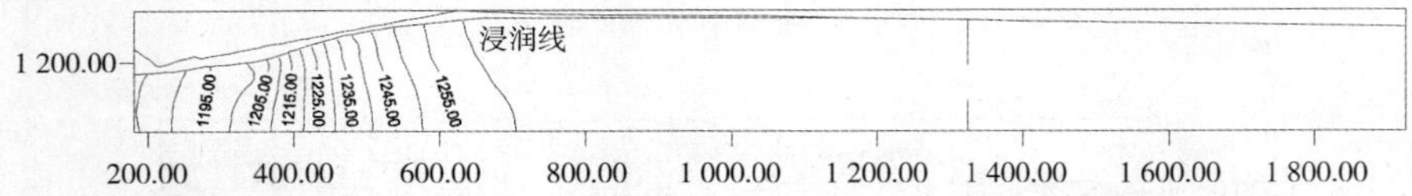

(库水位为1 262.1 m,勘测干滩长度为880.0 m)

图3-17　当前坝高P05典型剖面渗流场

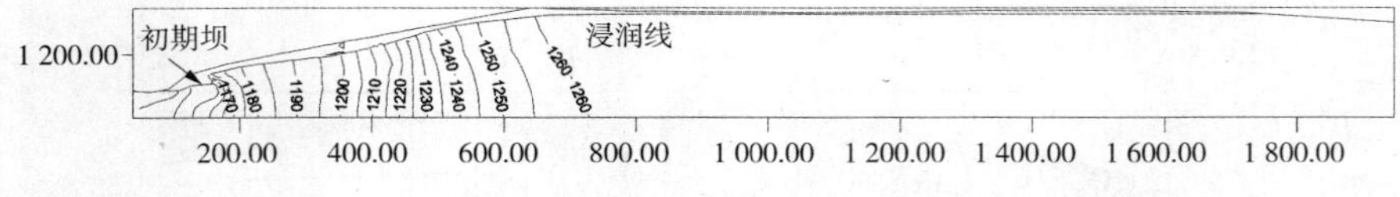

(库水位为1 262.1 m,勘测干滩长度为880.0 m)

图3-18　当前坝高P06典型剖面渗流场

在当前坝高运行情况下,当库水位以1 262.1 m运行时,以中部的较大断面(剖面P05和剖面P06)最大地下水位埋深为18.0 m,最小埋深约7.0 m。

此外,从剖面P05、P06的剖面渗流场可以清楚看出,在辐射井作用下,坝体渗流场得到较显著的改善，使得坝坡高程 1 200 ~ 1 240 m 范围的浸润线有明显降低。

3）渗流量计算分析

将各排渗井的计算渗流量汇总得到其总渗流量为 $Q = 12\ 964\ m^3/d$。从总渗流量与辐射井观测渗流量（11 586 m^3/d）比较看，计算分析总渗流量与辐射井部分的观测渗流量是十分接近的，二者相差约 10%。计算排渗总流量 $Q = 22\ 605\ m^3/d$，与观测流量 20 073 m^3/d 相比，二者相差约 13%。

4）典型剖面各渗透介质的渗流梯度

尾矿体典型剖面沉积层渗流梯度统计平均值见表 3-8。

表 3-8　尾矿体典型剖面沉积层渗流梯度统计平均值

介质名称	尾中砂（上）	尾中砂（下）	尾粉砂（上）	尾粉砂（下）	尾粉土	尾粉质黏土	备注
渗流梯度	0.293	0.587	0.137	0.457	0.172	0.272	

通过上述计算分析结果与勘察剖面地下水位、观测总渗流量分析比较，我们认为，对栗西尾矿库当前坝高的渗控模型建立及渗控计算分析研究，从根本上反映了该工程的客观实际，研究建立的渗控模型和拟合得到的尾矿沉积层渗透性参数，可以应用于后期加高的计算分析中。

5）尾矿库规划坝高（1 330 m）P06 剖面渗流场

P05、P06 剖面均出现一定范围的坝坡出渗。

渗流量计算分析得总渗流量为 $Q = 19\ 923\ m^3/d$。

以上详细研究了栗西尾矿库当前运行坝高情况下的渗流控制情况，并通过大量组合的拟合计算分析，建立了能够从根本上反映该尾矿库沉积规律的渗流计算分析模型。在此基础上，根据当前已建立的排渗系统（辐射井），对后期规划坝高运行情况下的渗流场进行了计算分析预测。计算分析结果表明，在不增加排渗工程措施的情况下，规划的最终坝高（1 330 m）将不能满足对尾矿库的渗流控制要求。

3.4.4　金堆城栗西尾矿坝加高三维渗流控制优化分析研究

在金堆城栗西尾矿坝加高三维渗流控制优化分析研究中，最根本的还在于研究尾矿库的宏观总体渗流状态，特别是在尾矿库的沉积分布不均匀，形成相对分层结构的情况下导致渗流地下水位较高时，如何采取渗控措施，使得尾矿库的宏观渗流浸润面满足尾矿库整体稳定的要求。那么，在后期坝加高工况下，应该如何对防渗排水系统进行设计布置，考虑什么程度的排渗系统，着重对后期加高工况的渗流控制优化进行研究，寻求满足渗流控制的排水布置可行方案。

3.4.4.1　规划最终坝高（1 330 m）工况渗控计算分析

根据当前坝高和后期最终规划坝高在目前已有排渗辐射井作用下的渗控结果，以及多项工程实践经验，对栗西尾矿库后期最终规划坝高新增辐射井的多种渗控布置的计算分析比较，确定了图 3-19 所示的新增辐射井位置。在现有 9 口辐射井的基础上，新增辐射井定名为 10# ~ 19#。这 10 口辐射井的排渗管长度为 50 m，结构形式与现有辐射井 1# ~ 9# 相同。

后期最终坝高辐射井整体区域渗流场见图 3-20。

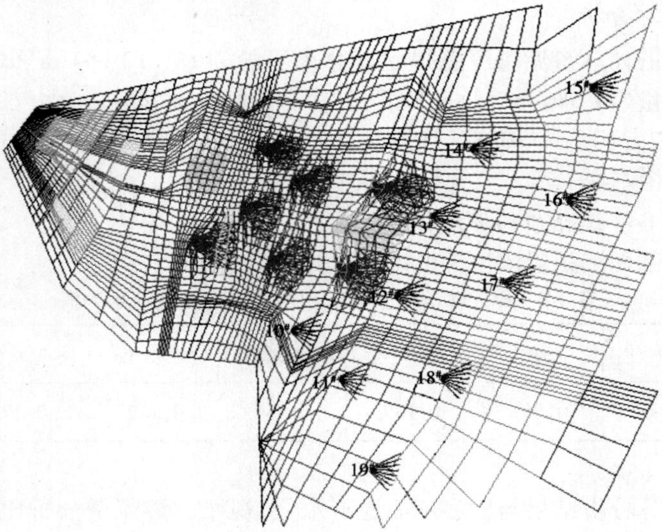

图 3-19　栗西尾矿库后期坝高新增辐射井位置图

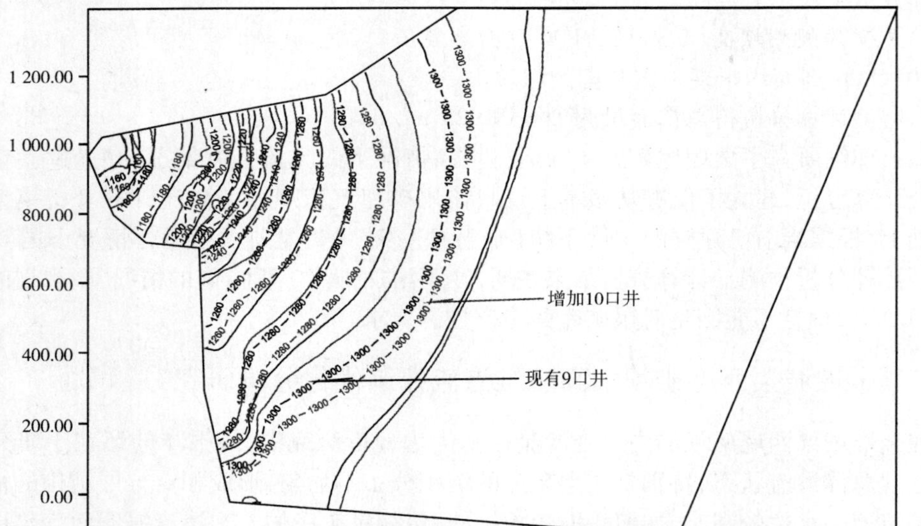

（水位 1 322.28 m，干滩长度 700 m）

拟增 10 口辐射井后渗控效果比较（红色 - 增加 10 口井、黑色 - 现有 9 口井）

图 3-20　后期最终坝高辐射井整体区域渗流场

3.4.4.2　典型剖面渗流场

为了论述在后期最终坝高条件下新增 10 口辐射井对渗流控制的具体效果，能够满足稳定要求的坝坡即地下水位埋深不小于 6 ~ 8 m 的要求，在新增 10 口辐射井和现有 9 口辐射井共同作用下，典型剖面 P04 ~ P07 的剖面渗流场汇总示于图 3-21 ~ 图 3-23

中。通过将图 3-21 ~ 图 3-23 剖面渗流场等值线图转化到 CAD 绘图系统下的图形格式进行实际量测，各剖面浸润线最小埋深汇总于表 3-9 中。

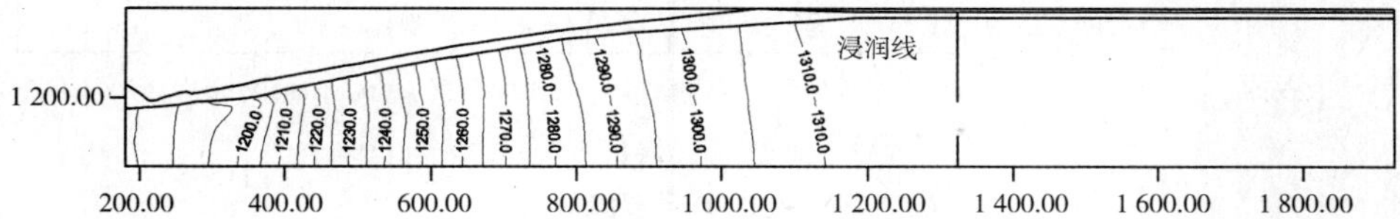

（水位 1 322.28 m，干滩长度 700 m）

图 3-21　栗西尾矿库最终坝高（1 330 m）P05 剖面渗流场

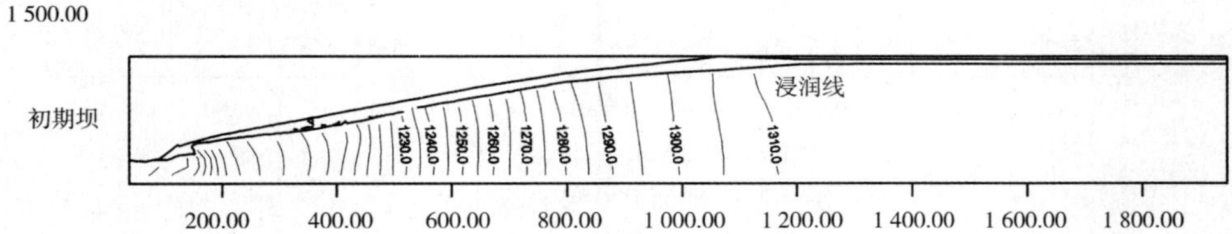

辐射井正常工作（现有 9 口井 + 拟增 10 口井）

（水位 1 322.28 m，干滩长度 700 m）

图 3-22　栗西尾矿库最终坝高（1 330 m）P06 剖面渗流场

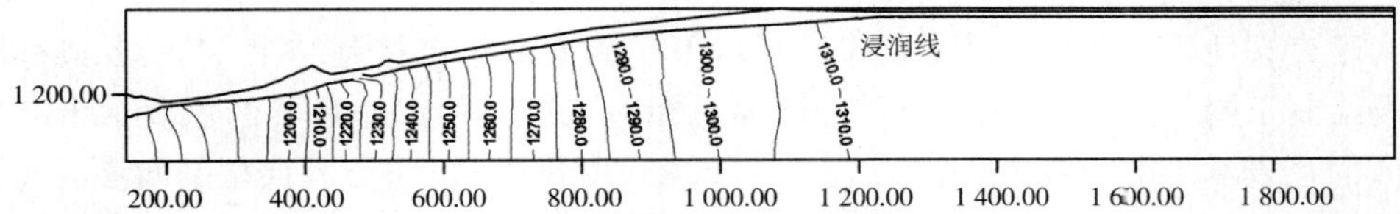

辐射井正常工作（现有 9 口井 + 拟增 10 口井）

（水位 1 322.28 m，干滩长度 700 m）

图 3-23　栗西尾矿库最终坝高（1 330 m）P07 剖面渗流场

表 3-9　后期最终坝高各典型剖面浸润线最小埋深　（单位：m）

剖面编号	P04	P05	P06	P07	备注
浸润线最小埋深	7.6	11.2	13.0	5.8	

从表 3-9 中对这 4 个典型剖面浸润线最小埋深的统计看，其是能够满足渗流控制要求的。

优化结果表明所考虑的新增辐射井数量及其布置基本上是可行的，能够达到对栗西尾矿库后期坝高渗流场的有效控制。

为了比较拟新增辐射井对后期最终坝高情况下的渗流控制效果，将 10# ~ 19# 辐射井增加前后的典型剖面渗流场对比示于图 3-24 和图 3-25 中。其中，红色为新增辐射井后的渗流场，黑色为现有辐射井（不增加辐射井）渗流场。对图示典型剖面渗流场直接比较，在新增辐射井后，后期最终坝高情况下的渗流场控制效果是很显著的，是栗西尾矿库最终坝高情况下最有效的增稳措施。

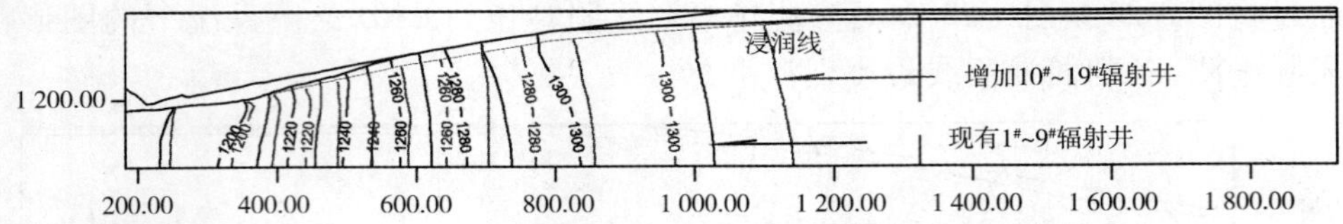

（水位 1 322.28 m，干滩长度 700 m）

图 3-24　剖面 P05 渗流场比较

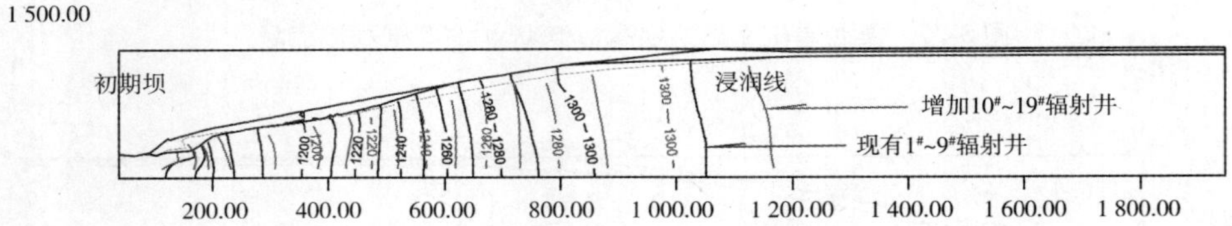

（水位 1 322.28 m，干滩长度 700 m）

图 3-25　剖面 P06 渗流场比较

对栗西尾矿库后期最终坝高新增辐射井渗流量计算分析，将各排渗井的渗流量汇总得到其总渗流量为 $Q=21\ 282\ m^3/d$。

3.4.4.3　栗西尾矿库不同干滩长度渗流场与渗流量综合比较

1）渗流场比较

为了直观地比较上述三种运行干滩长度下尾矿库的渗流控制结果，将三者典型剖面渗流场绘制于同一图中，分别以三种颜色显示相应工况下的渗流场。红色表示干滩长度 150 m，黑色表示干滩长度 700 m，蓝色表示干滩长度 800 m。将三者典型剖面渗流场汇总示于图 3-26、图 3-27，图中清晰显示出三者的关系。

2）渗流量比较

将最终坝高在上述 3 组不同干滩长度下渗控计算分析的渗流量汇总于表 3-10 中，供该尾矿库运行管理参考。

表 3-10　最终坝高（1 330 m）不同干滩运行渗流量

序号	组合情况	最终坝高渗流量（m^3/d）	备注
12	上游水位 1 321.0 m，干滩 800 m（当前排渗系统 +10 口辐射井）	21 282	排渗效率 1.0
13	上游水位 1 322.28 m，干滩 700 m（当前排渗系统 +10 口辐射井）	22 530	排渗效率 1.0
14	上游水位 1 323.28 m，干滩 150 m（当前排渗系统 +10 口辐射井）	30 782	排渗效率 1.0

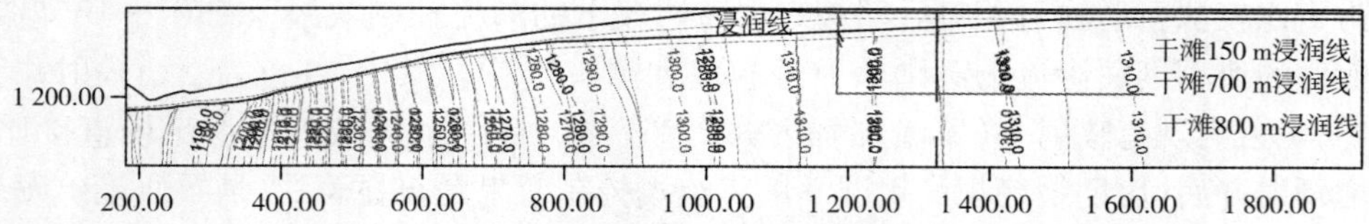

图 3-26　栗西尾矿库不同干滩长度 P05 剖面渗流场比较

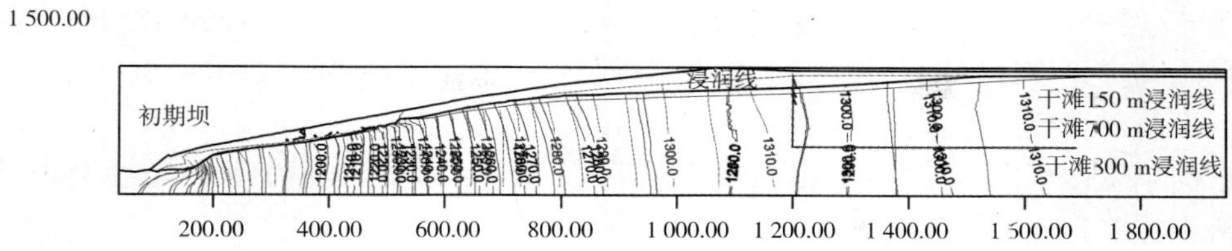

图 3-27　栗西尾矿库不同干滩长度 P06 剖面渗流场比较

3.4.4.4　后期最终坝高不同干滩长度浸润线高程及埋深比较

这里选取后期最终坝高不同干滩长度下 P06 典型剖面的浸润线高程及其埋深，汇总于表 3-11 中。

表 3-11　后期最终坝高新增辐射井后渗控不同干滩长度下 P06 典型剖面浸润线高程及其埋深比较

（单位：m）

局部横标	200	250	300	350	400	450	500	550	600
地形获坡面线高程	1 189.0	1 198.8	1 208.4	1 217.6	1 227.8	1 236.7	1 246.8	1 256.7	1 266.1
P06 浸润线高程干滩 150 m	14	14.8	16.2	18.6	21.8	20.7	20.8	18.7	17.1
P06 浸润线高程干滩 700 m	17	18.8	21.4	22.6	24.8	22.7	21.8	18.7	17.1
P06 浸润线高程干滩 800 m	19	20.0	22.4	24.6	27.8	24.7	23.8	22.7	22.1
局部横标	650	700	750	800	850	900	950	1 000	1 100
地形获坡面线高程	1 275.5	1 283.5	1 292.0	1 300	1 306.3	1 311.4	1 317.3	1 323.0	1 328.9
P06 浸润线高程干滩 150 m	17.5	16.5	14.0	16.0	17.3	18.4	19.3	31.0	19.9
P06 浸润线高程干滩 700 m	18.5	19.5	20.0	21.0	25.3	28.4	32.3	36.0	37.9
P06 浸润线高程干滩 800 m	26.5	29.5	30.0	30.0	34.3	37.4	41.3	46.0	47.9

注：对于表 3-11 初期坝顶的剖面局部横标为 $S=126.23$。

3.4.5　栗西尾矿库渗透稳定性的初步研究

3.4.5.1　栗西尾矿库坝坡的渗透稳定性分析

1）不增设辐射井排渗条件

在现有辐射井排渗系统的作用下，如果不增设辐射井排渗，渗流浸润线将出现坝坡出逸情况，此时坝坡的渗透稳定性不能满足规范要求。在长期运行情况下，将可能发生坝坡的渗透稳定性破坏。

2）增设 10# ~ 19# 辐射井的排渗条件

根据增设 10# ~ 19# 辐射井情况的渗控计算分析，在辐射井正常运行和局部淤堵后排渗效率不低于 0.7 的情况下，坝坡浸润线最小埋深均大于 5 m，可以得出坝坡渗透稳定性满足其控制要求，不存在坝坡的渗透稳定性被破坏的可能。

3.4.5.2　坝体内部的渗透稳定性初步分析与评价

由于坝体尚无实测抗渗比降，在此，我们根据岩土渗流的基本理论，借助有关半经验理论公式计算分析尾矿体的允许渗透比降。然后通过对渗控计算分析的渗流梯度与尾矿体的理论计算允许比降的比较，初步论述栗西尾矿库坝体的渗透稳定性，以供参考。

下面简单介绍太沙基公式。

根据单位体积的土体在水中的重量和作用在该土体上的渗透力相平衡，太沙基推导得到流土的临界坡降 J_B 计算公式为

$$J_B = (\rho_s/\rho - 1)(1 - n) \tag{3-32}$$

式中：ρ_s 为土颗粒密度，一般取 $\rho_s = 2.65\ \text{g/cm}^3$，以下计算按马鞍山工程地质勘察研究院的报告提供值；ρ 为水密度，$\rho = 1\ \text{g/cm}^3$；n 为土体的孔隙率。

在分析栗西尾矿库坝体分区物理特性的基础上，依据式(3-32)可以计算出尾矿体的流土允许渗透比降，列于表 3-12 中。

表 3-12 栗西尾矿库坝体允许渗透比降计算值

介质名称	尾中砂	尾细砂	尾粉砂	尾粉土	尾粉质黏土	备注
允许坡降计算值	0.968	0.974	0.988	0.999	0.983	

三维渗控计算的渗流梯度，仅选取最终坝高在增设 10# ~ 19#辐射井调洪水位组合下的典型剖面 P06 的渗流梯度汇总于表 3-13。当然，我们这里所讨论的淤堵也仅是指物理淤堵。至于化学淤堵，需经专门的防化学淤堵试验研究才可能寻找出有效方法。

表 3-13 最终坝高尾矿体典型剖面沉积层渗流梯度统计平均值

介质名称	尾中砂(上)	尾中砂(下)	尾粉砂(上)	尾粉砂(下)	尾粉土	尾粉质黏土	备注
最大渗流梯度	1.997	2.853	1.218	1.421	1.218	0.380	
平均渗流梯度	0.293	0.587	0.137	0.457	0.172	0.272	

通过将三维渗控计算的渗流梯度与表 3-12 中的尾矿体允许比降理论计算分析值的比较可知，最终坝高在增设 10# ~ 19#辐射井调洪水位组合下，坝体(除排渗系统附近外)渗流梯度小于允许比降的理论计算值，渗流稳定，坝体安全。

只有在排渗系统附近局部出现的最大渗流梯度超过允许比降的理论计算值，才有可能导致排渗系统的部分淤堵，做好排渗井反滤措施是必要的防淤堵措施之一。

而事实上，尾矿坝辐射井在工作一定年限后，不可避免地发生不同程度的淤堵现象，普遍表现为排渗体淤堵，导致排渗能力下降，特别是截渗井导水管淤堵导致排水量迅速减少，继而导致排水井水位升高，坝体浸润线升高，坝体安全系数明显下降，不及时采取工程措施可能导致浸润线出逸，甚至造成渗透破坏。所以，尾矿坝排渗体淤堵对尾矿坝渗透稳定性影响巨大。

淤堵主要分为机械淤堵、生物淤堵、化学淤堵。机械淤堵可以采用机械的方法进行除淤，生物淤堵目前研究的还不是很多，化学淤堵的机理及淤堵对稳定性的影响在第 5 章将作详细研究探讨。

3.5 小　结

(1)根据《岩土工程勘察技术规程》完成的栗西尾矿库库区尾矿坝体勘察资料，经与建设单位交流讨论，形成了尾矿体堆积沉积分层规律，建立三维渗流分析模型，并以建设单位的实测流量和坝面浸润线及位置为约束条件，经过数十组反复拟合计算，最终得到与实测浸润线及其趋势较一致的结果。从辐射井总渗流量(12 964 m^3/d)与其观测渗流量(11 586 m^3/d)比较来看，计算分析总渗流量与辐射井部分的观测渗流量是十分接近的，二者相差约10%。此外，经过对初期坝上游混凝土面板及反滤层上游侧的渗流量计算，汇入施工交通廊道的排渗流量为 $Q = 22\ 605\ m^3/d$。与观测流量 20 073 m^3/d 相比，二者相差约13%。这些结果从宏观上证明了模型的合理性，为当前和中后期尾矿坝的各种运行工况下的渗流场渗流量预测计算，提供了一个较合理的模型和本尾矿坝各部分的渗流计算参数。

(2)中间坝标高(1 300 m)渗流计算的模型分区是按当前坝高顶部勘测分区平抬上移26 m构成(与金堆城钼业集团公司工程管理处，马鞍山工程地质勘察研究院讨论确定)。排渗条件则仍按当前所设1# ~9#辐射井正常工作考虑。通过中间坝高三维渗流场的计算，对于1# ~9#排渗井的控制影响断面，高程在1 200 ~1 240 m 范围内的坝面浸润面最大埋深可达18 m，但最小埋深不足2 ~3 m，而且在高程为1 235 ~1 255 m 范围呈浸润状态，存在逸出问题。这一渗流现象表明，在后期中间坝高(1 300 m)阶段，当前的渗控措施已经不足，需要补充。中间坝高总渗流量为14 951 m^3/d。在靠近辐射井的部位渗流梯度平均为0.5 ~0.6，辐射滤水管做好反滤是极为重要的。

(3)后期最终坝标高(1 330 m)渗流场计算区域按当前坝顶部勘测分区平抬上移(与金堆城钼业集团公司工程管理处，马鞍山工程地质勘察研究院讨论确定)。排渗设施按当前已设的1# ~9#辐射井设计。在辐射井控制影响大的断面内，虽然地下水最大埋深仍可达18.0 m，但最小埋深已显著减小，出渗问题更加严重，位于高程在1 235 ~1 265 m之间大面积呈浸润状态。总之，后期加高工况渗流计算分析说明，当前的排渗设施还不能保证后期坝加高的渗控要求。

(4)为了保证中后期尾矿库的运行安全，目前计算中设定在高程为1 226 ~1 245 m范围，从左岸至右岸增加布设10组辐射井。滤水管长50 m，每组约8根。采取这项措施后可显著降低尾矿库坝坡潜水面高程。中间坝高(1 300 m)状态，与原渗控措施下的相同部位的浸润线埋深对照是下降了6.0 m以上，最终坝高(1 330 m)下降达到4 m以上，仅在两岸受高地形影响，该处浸润线埋深稍小，为7.0 m左右。因此，增设辐射井应该是中后期坝加高有效的渗流、稳定控制措施之一。本次初步拟订的10组辐射井的排渗井布置供设计部门具体设计时参考。

(5)通过对最终坝高(1 330 m)不同干滩长度(150 m、700 m、800 m)在新增10组辐射井正常工作条件下开展整体渗流计算可以看出，在现有排渗设施的条件下，干滩长度越长，浸润线埋深越大。因此，认为设计中综合调洪计算结果能充分利用栗西尾矿库库容大，干滩可以尽可能加大控制的有利条件，建议综合利用排渗设施和干滩长控制两种措施共同使渗流控制达到最优组合应用的目的,以避免单纯靠一种措施控制浸润线而必须增加的大量投资,真正达到技术上安全合理、投资上节约的目的。

(6)为了安全,设计部门应在尾矿坝交通洞入口处加以彻底处理,增加正规的反滤设施。必要的话,在其上游侧增设 1 ~2 口辐射井,确保该部分安全、稳定。

(7)对于栗西尾矿库中后期坝高,当增设 10 口辐射井后,渗流控制计算分析表明,在辐射井不发生淤堵的情况下浸润线总体上有一定的埋深,不存在坝面出逸。因此,对于防止坝坡渗透稳定来说是安全的。在此基础上,通过三维渗控计算分析的渗流梯度与尾矿体的允许渗流比降理论计算值的比较,在辐射井排渗系统附近的尾矿体将可能发生渗透变形破坏,务必做好反滤工程措施。

第 4 章　高堆尾矿坝静动力稳定性研究

4.1　概　述

尾矿坝的稳定性分析是从总体上定量评价和预测坝体的工作状态，定量分析设计或正在运行中的尾矿库是否安全，安全程度如何，有多大的富余，未来尾矿坝还能堆积多高，是否需要采取技术措施等，也是对原始设计资料进行验证的一种过程。它在尾矿库的设计和日常生产管理中占有非常重要的位置，国家的相关法律法规对其也有明文规定。

稳定性分析的目的主要是针对目前坝体在现有条件下进行稳定性验算和不同条件下模拟计算坝体堆高的稳定性，评价坝体是否能满足规范要求，为尾矿坝的安全管理、加高设计及采取有关的加固处理措施提供科学依据。

目前，尾矿坝的稳定分析方法主要有三种。一是极限平衡法，像瑞典圆弧法、毕肖普法、Sarma 法等。极限平衡法的原理简单，实用性强，能够直接提供坝体稳定性的定量结果，有多年设计经验累积，故其应用较广。二是数值分析法，也叫应力—应变法，像有限元法、拉格朗日元法、边界元法等。数值分析法是通过建立数学模型，选择材料的本构关系来模拟求解坝体的应力、应变值，然后再按照一定的准则判断并给出坝体的稳定性区域等指标。三是概率分析法，像蒙特卡洛法、统计矩阵法等。概率分析法则是在上述计算方法的基础上，进一步给出坝体稳定性概率或坝体失稳破坏概率。一般而言，尾矿坝等工程的稳定性分析，先是确定计算剖面，然后进行极限平衡法的分析与计算，之后再作数值分析，以检验极限平衡法的结果，最后采用概率分析法，以确定坝体工程破坏风险程度。

尾矿坝在地震作用下的动力稳定性研究始于 20 世纪 70 年代，大多数采用拟静力法的分析方法。古典的拟静力法，已经有 60 多年的历史，它的基本思想是在静力计算的基础上考虑地震惯性力的作用，也就是说将地震的作用由一个附加的地震惯性力来代替。它没有考虑结构物在地震时的动力性状，而是将地震加速度取为一个常值。后来根据实际观测，在计算中采用了按一定规律变化的数值。以后，地震加速度的分布及大小由动力反应分析方法确定，这使动力分析和拟静力方法结合起来，形成一种修正的拟静力法。

近年来，土动力学的研究表明，土在动荷载作用下，应力与应变之间表现出明显的非线性和滞后性，而且随着动荷载力幅和持续时间的增大，土中的孔隙水压力逐渐增加，使土的强度逐渐降低，在疏松的饱和砂土和轻亚黏土中，甚至出现液化现象。

因此，拟静力法虽然考虑了地震的动力特性，而且考虑了结构的动力特性，但它仍然没有很好地考虑土材料的动力特性。从这个角度出发，近年来出现了一系列同时考虑地震、结构和材料动力特性的分析方法，这类方法可以分为总应力分析法和有效应力分析方法，分析手段主要以有限单元法为主。

对于土坝，过去一直采用总应力法。总应力法直接依据土料室内试验所取得的割线剪切模量与等效阻尼比随应变幅值非线性变化曲线,通过多次迭代获取一个与某种应变水平相协调的等效线性体系,从而求得近似的非线性解。但是,由于总应力分析方法不能考虑动荷载作用过程中孔隙水压力的不断增长及由此而引起的平均法向有效应力的减小对剪切模量的影响(即没有考虑液化前孔隙水压力的发展对剪切模量的影响),因而无法得到在动荷载作用过程中孔隙水压力的增长规律和液化区随时间的真实发展过程。

有效应力原理的本质意义在于它揭示了土的强度和变形特性主要受有效应力的支配。为此,有效应力分析方法得到了人们的高度重视。其应用的关键问题是如何正确测算不同条件下土中孔隙水压力的产生、增长、扩散和消散规律。在振动荷载下土中振动孔隙水压力的产生与发展直接影响土体的动力特性,也是以有效应力法分析土体强度和变形特性的基本因素。

目前,考虑振动孔隙水压力的产生、扩散与消散的理论——有效应力计算方法主要有以下三种类型:

(1)Terzaghi 固结方程与不排水条件下振动孔隙水压力增长的计算模型相结合,如汪闻韶、Seed 和 Booker、徐志英、王天颂等,或者改变 Terzaghi 一维固结理论中瞬时增加恒定荷载作用的假定,使之适用于计算地基界面上有动荷载作用条件下土体中孔隙水压力的变化和分布规律。Schifman 求出了荷载随时间呈线性增长情况下问题的解,Wilson 和 Elgohari得到矩形波荷载作用下一维固结问题的解,Baligh 和 Levadoux 利用叠加原理进行了非线性分析,Alonso 和 Krizek 分析了随机荷载作用下黏弹性土层的沉降问题。

(2)将 Biot 固结方程与不排水条件下振动孔隙水压力增长的计算模型联系起来,如 Ghaboussi 和 Dikmen、沈珠江和徐志英、谢定义和史宏彦等提出的二维计算模型;徐志英和周健提出的三维计算模型。这种计算模型在考虑振动孔隙水压力产生、扩散与消散作用对土体动力反应的影响时,将振动孔隙水压力产生、扩散与消散及动力反应分析分时段交替计算,亦即孔隙水压力扩散、消散分析是与动力反应计算分析相分离的。

(3)Zienkiewicz 等建立了有关能够将动孔隙水压力扩散、消散和动力反应分析相耦合的理论。在进行有效应力动力反应分析时不需要将动力渗流分析与动力反应分析分离开来。Biot 理论是 Zienkiewicz 理论的简化。盛虞等进行了考虑与土工建筑物动力固结相耦合的有效应力动力分析;谢定义将饱和砂土视为土—水两相介质所提出的饱和砂土瞬态动力学的普遍方程,能够从更为一般的角度来描述振动与固结耦合响应等一系列实用计算条件。

总的来说,总应力分析法因在整个分析过程中不考虑上升的孔压对土的弹性的影响,而无法描述液化的全过程。有效应力分析法弥补了它的缺陷。计算结果表明,用有效应力分析法预测会液化的砂土用总应力分析法预测也会液化,反之则不一定,这表明用总应力分析法计算的结果偏于安全。

土石坝在地震作用下,由于坝坡或地基内土体遭受动荷载作用,常会出现不同类型的破坏。根据我国原水电部科学研究院对云南通海地震(1970 年 1 月 5 日,7.7 级,震中烈度Ⅹ度强)的震害调查,在Ⅶ ~ Ⅹ度地区内的 60 座土坝,坝体平均震害率 72% 左右,烈度愈大的地区,震害率愈高。震害的形式主要为裂缝,占 84%,其次为滑裂和沉降。滑裂中则以纵缝为主,纵缝多位于上游坝坡,坝顶及下游坝面次之。横缝则多位于坝体与两岸岸坡相接之处,或坝下涵管相连的坝顶处。滑裂包括局部坝坡滑裂和全部坝坡滑裂,未发生整个土体滑出坝体的现象。这种现象的出现同地震下坝坡的运动特性密切相关。当坝体做向上、下游的往返运动时，若在某个方向上的某个时段内，坝体一定范围内处于破坏状态，即会出现相应的变形，但这种变形随着动荷载进入该方向上的另一个时段或方向的反转而立即停止，接着又在另一个方向上在某一个破坏时段内出现反向的变形位移。往复的动荷载作用促使这种位移向上、下游方向逐渐积累，同时在坝顶坡范围内出现裂缝和沉降。由于地震为有限次不规则波的作用，一旦地震停止，这种变形的积累也就结束，最后形成了如上所述的破坏特点。因此，1965 年 Newmark 指出，堤坝稳定与否取决于地震时所引起的变形，而非最小安全系数，而与地震变形直接有关的是应力时程的变化，而非应力的最大值。这是由于地震为短暂作用的变向荷载，惯性力只在很短的时间内产生。即使惯性力可能足够大，而使安全系数在很短的时间内小于 1，引起坝坡产生永久变形，但当加速度减小或反向时，位移就停止了。地震运动停止后，如果土的强度没有显著降低，土坡将不会产生进一步的严重位移。这样，地震作用虽没有引起土坡的强度失稳，但仍然残留一定的永久变形，预估这种变形的大小也是土坝抗震设计中人们所关心的问题。为此，人们提出多种估计土坝地震变形的方法。由 Newmark(1965)在破坏机理的基础上提出的地震滑动位移分析法得到人们的普遍重视，其他还有 Makdisi、Seed、Ambraseys、Lee、Wiuiam 及 Sarma 也提出了估计的方法。

就目前研究方法看，尾矿坝动力稳定性研究一直采用理论研究、试验研究和数值分析计算相结合的手段。在饱和尾矿砂土的振动液化问题上，从液化机理、可液化土的范围、不规则波作用、土的结构性的作用、含水量及排水作用影响出发，人们对上述问题进行了广泛研究，积累了丰富的液化评价方法。在动强度方面，对动强度的表达式、动强度的破坏标准和发展机理进行了广泛探讨。动荷载作用下孔隙水压力的发展是砂土变形、强度变化的根本因素，也是有效应力法分析土体动力稳定性的关键。对动孔隙水压发生、发展与消散的研究已经成为一个人们十分关注的问题。在动孔压的模型研究方面，目前主要有应力模型、应变模型、能量模型、有效应力模型和极限平衡模型。在尾矿坝抗震计算方面，动力反应分析方法一直是研究的主要手段，从拟静力方法、有限单元法、有效应力法，对地震作用下尾矿坝可能发生的变形、裂缝、滑动(包括滑坡和滑移)、漏水、液化进行了大量的研究，研制成许多实用的计算机程序。在地震永久变形分析上，分析途径主要有滑动体位移分析法、整体变形分析法和有效应力分析法。虽然数值计算取得了长足进步，但对于尾矿坝由于尚未建立散体材料的有限元的力学模型，且其材料性质复杂，物理力学参数选取困难，尚难取得理论与实际相统一的结果。而原型观测耗资巨大，特别是对实际地震响应取得资料困难。现有观测成果很少，难以具有普遍性。因此，室内模型试验备受重视。国外已建成一批大型振动台，如日本有保险中心的 16 m × 16 m，质量为 450 t，正弦和随机振动台。我国近年来不少单位相继引进国外的先进设备，建成了一些大中型振动台，如水利水电科学研究院的三相宽频模拟地震振动台。在模型试验方面，我国西安理工大学、大连理工大学取得了大量土石坝的振动模拟试验结果。

本研究主要以栗西尾矿坝为例，根据实际勘探的地质资料，建立该高坝的有关数值分析模型，运用 Geo - Slope 软件对尾矿坝剖面进行二维静动力稳定性分析，并用中国科学院沈珠江院士的 EFES3D 程序进行三维静动力稳定计算[82,83]，对计算结果进行分析，以对栗西尾矿坝的静动力稳定性作出评价,为尾矿坝加高设计提供理论依据。

4.2　地震动参数的确定

构筑物抗震规范规定:二等以上尾矿库应复核并确定其地震动参数。

4.2.1　区域地震分布情况

金堆城位于东秦岭南麓,东经 109°57′、北纬 34°16′,属于我国地震活动强烈的华北地震区汾渭地震带。工作区内断裂的主体展布方向可分为三组:近东西向、北东向和北西向。工作区域内自公元前 780 年以来发生 8.0~8.9 级地震 1 次、7.0~7.9 级地震 1 次、6.0~6.9 级地震 5 次,5.0~5.9 级地震 32 次,最大地震为 1556 年 2 月 2 日陕西华县8.25 级地震,震中烈度为Ⅺ度。区域内的主要地震活动分布在汾渭地震带南段,活动的分布特征呈条带性(见图 4-1)。

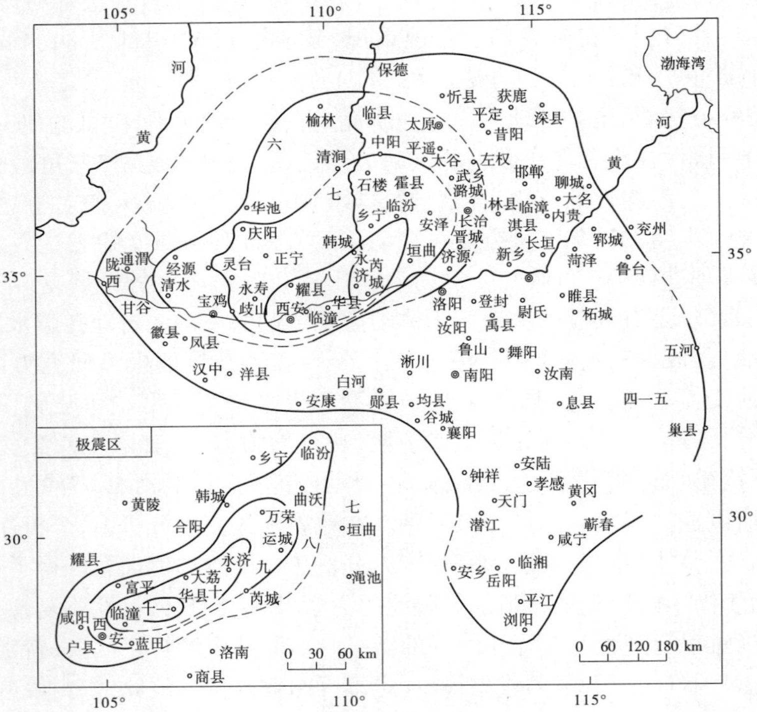

图 4-1　1556 年华县地震等震线分布图

4.2.2　输入地震动参数的确定

坝址区地层主要为上震旦纪硅质灰岩和硅质板岩,坝址区地层岩性相对比较简单。第四系松散堆积物主要为碎石土,厚度很薄,仅 2~3 m。因此,该场地按基岩场地处理。场地共布置了 2 个地脉动,求得场地卓越周期值为 0.25~0.26 s[84](见表 4-1)。

表4-1　地脉动测试结果

点位	样本号	方向项目						备注
		E—W方向		N—S方向		U—D方向		
		Hz	s	Hz	s	Hz	s	
m1	第一组	3.86	0.26	3.96	0.25	3.86	0.26	(1)测试时间为下午；(2)天气晴朗无风；(3)取掉表土
	第二组	3.84	0.26	3.83	0.26	3.85	0.26	
	第三组	3.83	0.26	3.86	0.26	3.81	0.26	
	平均值	3.84	0.26	3.88	0.26	3.84	0.26	
m2	第一组	3.83	0.26	3.84	0.26	3.81	0.26	
	第二组	3.80	0.26	3.83	0.26	3.79	0.26	
	第三组	3.78	0.26	3.82	0.26	3.84	0.26	
	平均值	3.80	0.26	3.83	0.26	3.81	0.26	

采用幅值谱和相位谱双参数调整拟合的方法人工合成场地基岩加速度时程，其合成结果见图4-2～图4-4。

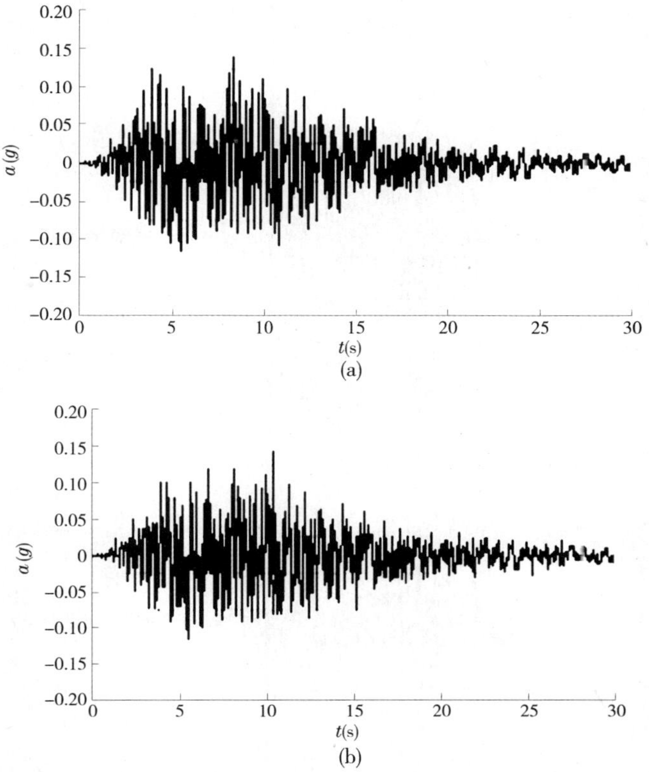

图4-2　场地基岩地震动加速度时程(10%)

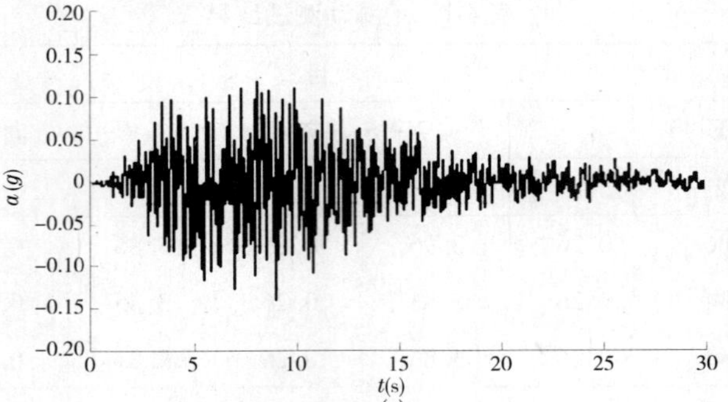

(c)

续图 4-2

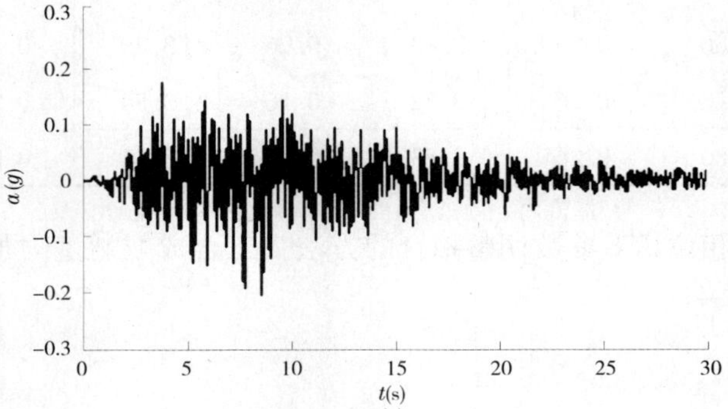

(a)

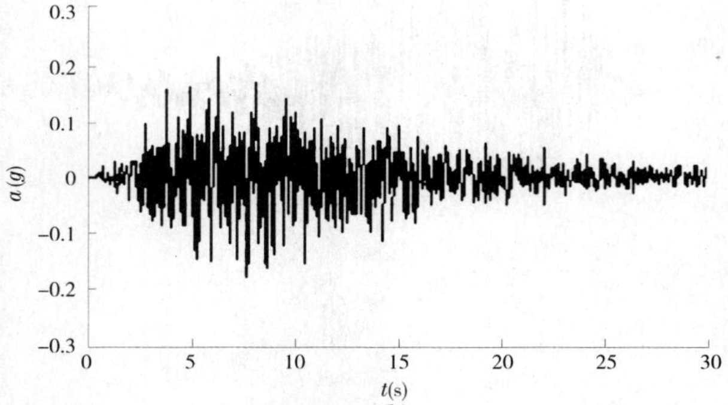

(b)

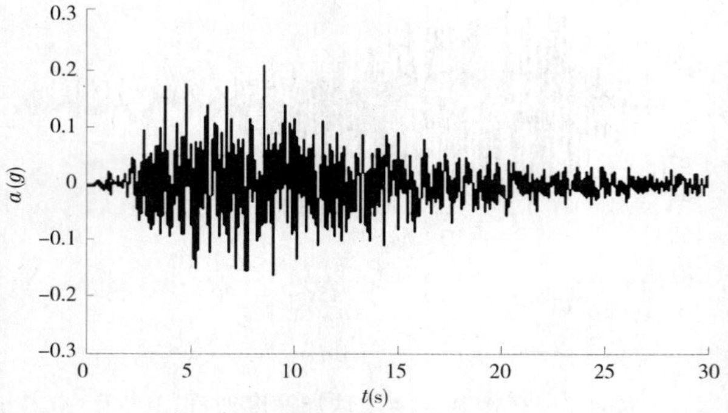

(c)

图 4-3　场地基岩地震动加速度时程(5%)

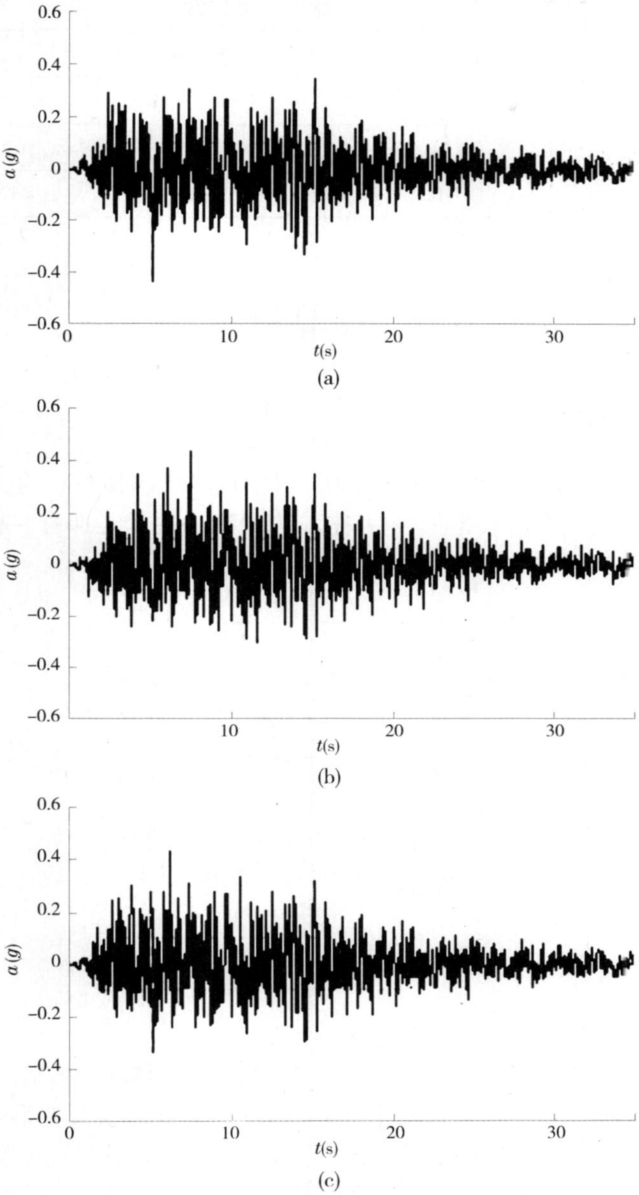

(a)　(b)　(c)

图 4-4　场地基岩地震动加速度时程(1%)

4.2.3　场地地震动参数确定

场地地震动参数包括地面地震动峰值和场地地震相关反应谱。地震安全性评价结果表明,尾矿坝工程场地 50 年超越概率 10% 的地面地震动峰值加速度 0.141g,反应谱特征周期 0.34 s。地震动参数均为原坝底基岩处,阻尼比为 5%。根据地震危险性分析,得到工程场地地震动参数见表 4-2。相应的地面地震动加速度时程(10%)见图 4-2。

表 4-2　工程场地地震动参数

工程场地名称	50 年超越概率					
	10%		5%		1%	
	$a_{max}(g)$	$T_g(s)$	$a_{max}(g)$	$T_g(s)$	$a_{max}(g)$	$T_g(s)$
尾矿坝坝址区	0.141	0.34	0.204	0.35	0.442	0.42

4.3　计算原理

4.3.1　静力计算原理

采用有限单元法，求出每一单元的静应力。计算时考虑坝体材料的静力非线性，描述土的非线性应力—应变关系的模型很多，其中较为普遍采用的是邓肯－张提出的双曲线模型，亦称 E、μ 模型。用公式表示为

$$E_t = K\left(\frac{\sigma_3}{p_a}\right)^n\left[1 - \frac{R_f(1-\sin\varphi)(\sigma_1-\sigma_3)}{2C\cos\varphi + 2\sigma_3\sin\varphi}\right]^2 \tag{4-1}$$

$$E_s = K\left(\frac{\sigma_3}{p_a}\right)^n\left[1 - \frac{R_f(1-\sin\varphi)(\sigma_1-\sigma_3)}{2C\cos\varphi + 2\sigma_3\sin\varphi}\right]^2 \tag{4-2}$$

$$R_f = \frac{(\sigma_1-\sigma_3)_f}{(\sigma_1-\sigma_3)_{ult}} \tag{4-3}$$

式中：E_t、E_s 分别是土的切线模量和割线模量；σ_1、σ_3 分别是大、小主应力；K、n 分别是土的模量系数和模量指数；R_f 是破坏比；$(\sigma_1-\sigma_3)_f$ 是破坏时的主应力差；$(\sigma_1-\sigma_3)_{ult}$ 是主应力差的渐近值。

4.3.2　动力计算原理

4.3.2.1　动力本构模型

Hardin 等提出的等效黏弹性模型，虽能较合理地确定土体在地震时的加速度、动剪应力和剪应变的反应，但是在等向固结条件下推导的，不能考虑永久变形—塑性变形的影响。因此，本次计算采用沈珠江建议的适用于一般情况的等效黏弹性模型，该模型能够计算地震过程中的残余变形和残余孔压。模型的表达式如下

$$G = \frac{K_2 p_a(\sigma_e/p_a)^{\frac{1}{2}}}{1 + K_1\gamma_c} \tag{4-4}$$

$$\lambda/\lambda_{max} = \frac{\kappa_{1_\gamma}\gamma_c}{1 + \kappa_{1_\gamma}\gamma_c} \tag{4-5}$$

$$\Delta\varepsilon_v = c_1(\gamma_d)^{c_2}\exp(-c_3R_s^2)\frac{\Delta N}{1+N_e} \tag{4-6}$$

$$\Delta\gamma = c_4(\gamma_d)^{c_5}R_s^2\frac{\Delta N}{1+N_e} \tag{4-7}$$

$$\Delta u = Mu\Delta\varepsilon \tag{4-8}$$

$$\gamma_c = \gamma_d^{3/4}/\sigma_m^{1/2} \tag{4-9}$$

$$N_e = \frac{\sum \gamma_d}{\bar{\gamma}_d} \tag{4-10}$$

$$Mu = Ku(\sigma_e)^{\frac{1}{2}} \tag{4-11}$$

式中：G 为动剪切模量；λ 为阻尼比；$\Delta\varepsilon$ 和 $\Delta\gamma$ 为振动 ΔN 次产生的残余体应变和剪应变；Mu 为体积回弹模量；Δu 为动孔隙水压力；σ_e 为包括黏聚力在内的有效压力；R_s 为静应力水平；γ_c为修正的动剪应变幅值；N_e 为有效荷载次数。

4.3.2.2　动力计算方法

1)计算的基本方程组

(1)运动微分方程。

在动荷载作用下，任一时刻该单元体的总动力、约束力和惯性力将形成一个平衡力系。在直角坐标下对土的微分单元体进行受力分析时，可以得到微分单元体的运动微分方程组如下

$$\left.\begin{aligned}
\frac{\partial\sigma_x}{\partial x} + \frac{\partial\tau_{xy}}{\partial y} + \frac{\partial\tau_{zx}}{\partial z} + C_x - X &= -\rho\left(\frac{\partial^2 u}{\partial t^2} + g_x\right)\\
\frac{\partial\tau_{xy}}{\partial x} + \frac{\partial\sigma_y}{\partial y} + \frac{\partial\tau_{yz}}{\partial z} + C_y - Y &= -\rho\left(\frac{\partial^2 v}{\partial t^2} + g_y\right)\\
\frac{\partial\tau_{xz}}{\partial x} + \frac{\partial\tau_{yz}}{\partial y} + \frac{\partial\sigma_z}{\partial z} + C_z - Z &= -\rho\left(\frac{\partial^2 w}{\partial t^2} + g_z\right)
\end{aligned}\right\} \tag{4-12}$$

式中：u、v、w 分别为 x、y、z 方向的位移分量；g_x、g_y、g_z 为基岩地震加速度分量；ρ 是单位体积质量；X、Y、Z 和 C_x、C_y、C_z 分别表示三个坐标方向的体积力和阻尼力分量；σ_x、σ_y、σ_z 分别为 x、y、z 方向的正应力；τ_{xy}、τ_{yz}、τ_{zx} 分别为动剪应力。

(2)阻尼公式。

根据研究，土体在动荷载作用下的性状可用黏弹性性状来反映，动力分析方程中的阻尼矩阵可采用瑞利阻尼决定，即

$$[C]^e = \alpha[M]^e + \beta[K]^e \tag{4-13}$$

式中：$[C]^e$、$[M]^e$、$[K]^e$ 分别为单元体的阻尼矩阵、质量矩阵和刚度矩阵。

$$\left.\begin{aligned}
\alpha &= \lambda\omega\\
\beta &= \lambda/\omega
\end{aligned}\right\} \tag{4-14}$$

式中：ω 为系统基频；λ 为阻尼比。

(3)几何方程与物理方程。

几何方程为

$$\varepsilon_x = -\frac{\partial u}{\partial x} \qquad \varepsilon_y = -\frac{\partial v}{\partial y} \qquad \varepsilon_z = \frac{\partial w}{\partial z} \tag{4-15}$$

$$\gamma_{xy} = -\left(\frac{\partial v}{\partial x} + \frac{\partial u}{\partial y}\right) \qquad \gamma_{yz} = -\left(\frac{\partial w}{\partial y} + \frac{\partial v}{\partial z}\right) \qquad \gamma_{zx} = -\left(\frac{\partial u}{\partial z} + \frac{\partial w}{\partial x}\right) \tag{4-16}$$

物理方程为

$$\left.\begin{aligned}\sigma_x &= E_1\varepsilon_x + E_2\varepsilon_y + E_3\varepsilon_z \\ \sigma_y &= E_1\varepsilon_y + E_2\varepsilon_x + E_3\varepsilon_z \\ \sigma_z &= E_1\varepsilon_z + E_2\varepsilon_y + E_3\varepsilon_x \\ \tau_{xy} &= E_3\gamma_{xy} \quad \tau_{yz} = E_3\gamma_{yz} \quad \tau_{zx} = E_3\gamma_{zx}\end{aligned}\right\} \tag{4-17}$$

式中：$E_1 = E(1-\mu)/(1+\mu)(1-2\mu)$；$E_2 = E\mu/(1+\mu)(1-2\mu)$；$E_3 = E/2(1+\mu)$。

2)计算方法

设尾矿材料为黏弹性体，经过有限单元法离散后，坝体的动力方程可以写为

$$[M]\{\ddot{u}\} + [C]\{\dot{u}\} + [K]\{u\} = \{F\} \tag{4-18}$$

式中：质量矩阵为$[M] = \int_{\Omega}[N]^{\mathrm{T}}\rho[N]\,\mathrm{d}\Omega$，劲度矩阵$[K] = \int_{\Omega}[B]^{\mathrm{T}}[D][B]\,\mathrm{d}\Omega$；$u$、$\dot{u}$、$\ddot{u}$分别为结点位移、速度和加速度；$F$为随时间改变的结点荷载；$[C]$为阻尼矩阵。

因为这是一个空间域和时间域的方程，为了在解方程时达到无条件稳定，采用 Wilson 线性加速度逐步积分求解。该法假定在微小的时段 $\mathrm{d}t$ 内加速度为线性变化，先用放大的时段 $h=\theta\Delta t$ 代替实际时段进行计算，算出的结果为$\{u\}_h$、$\{\dot{u}\}_h$和$\{\ddot{u}\}_h$，然后从$\{\ddot{u}\}_h$和$\{\ddot{u}\}_n$内插得到$\{\ddot{u}\}_{n+1}$，即

$$\{\ddot{u}\}_{n+1} = \{\ddot{u}\}_n + \frac{1}{\theta}(\{\ddot{u}\}_h - \{\ddot{u}\}_n) \tag{4-19}$$

将式(4-19)代入式(4-20)中，即可得出$\{\dot{u}\}_{n+1}$和$\{u\}_{n+1}$。当 $\theta > 1.37$ 时上述积分为无条件稳定的，实际计算时取 $\theta = 1.4$。

$$\left.\begin{aligned}\{\dot{u}\}_{n+1} &= \{\dot{u}\}_n + \frac{1}{2}\Delta t\{\ddot{u}\}_n + \frac{1}{2}\Delta t\{\ddot{u}\}_{n+1} \\ \{u\}_{n+1} &= \{u\}_n + \Delta t\{\dot{u}\}_n + \frac{1}{3}\Delta t^2\{\ddot{u}\}_n + \frac{1}{6}\Delta t^2\{\ddot{u}\}_{n+1}\end{aligned}\right\} \tag{4-20}$$

由此可解出

$$\{\ddot{u}\}_{n+1} = \frac{6}{\Delta t^2}\{u\}_{n+1} - \{A\}_n \tag{4-21}$$

$$\{\dot{u}\}_{n+1} = \frac{3}{\Delta t}\{u\}_{n+1} - \{B\}_n \tag{4-22}$$

式中：$\{A\}_n = \frac{6}{\Delta t^2}\{u\}_n + \frac{1}{\Delta t}\{u\}_n + 2\{\ddot{u}\}_n$；$\{B\}_n = \frac{3}{\Delta t}\{u\}_n + 2\{\dot{u}\}_n + \frac{1}{2}\Delta t\{\ddot{u}\}_n$。

把上式代入动力方程后可得

$$[\bar{K}]\{u\}_{n+1} = \{\bar{F}\} \tag{4-23}$$

其中

$$[\bar{K}] = [K] + \frac{3}{\Delta t}[C] + \frac{6}{\Delta t^2}[M] \tag{4-24}$$

$$[\bar{F}] = [F] + [M]\{A\}_n + [C]\{B\}_n \tag{4-25}$$

采用 Wilson θ 法求解动力方程的主要步骤如下：

(1)先根据静力有限元计算出土体中各单元的震前平均有效应力 $\sigma'_{\mathrm{m}} = \frac{1}{3}(\sigma'_1 + \sigma'_2 + \sigma'_3)$，并按式(4-4)计算出动剪切模量的初值 $G_0 = G_{\max}$，阻尼比的初值 $\lambda_0 = 0.05$，另外再估

计一个主频 ω。

(2)根据各单元的质量和 G、λ 计算各单元的质量矩阵和刚度矩阵，并按式(4-13)计算阻尼矩阵，最后叠加成总体矩阵。

(3)根据总质量矩阵和劲度矩阵，解特征方程($[K]-\omega_s^2[M]$)$\{A\}=0$ 求主频 ω。

(4)由$[K]$、$[C]$和$[M]$按式(4-24)和式(4-25)组成$[\overline{K}]$，并进行分解，即求$[\overline{K}]$的逆矩阵$[\overline{K}]^{-1}$。

(5)根据输入的基岩加速度$\{\ddot{u}\}$计算动力方程式(4-18)的右端项$\{F\}=-[M]\{\ddot{u}_0\}$，由此算出$\{\overline{F}\}$。

(6)用 Wilson θ 法进行逐步积分，得出各时刻的结点位移$\{u\}_{n+1}=[\overline{K}]^{-1}\{\overline{F}\}$，并回代到式(4-21)和式(4-22)，求出$\{\dot{u}\}_{n+1}$和$\{\ddot{u}\}_{n+1}$。

在整个地震加速度输入过程求解时，把地震时间分成 30 时段，每个时段为 1 s，每个时段按 Wilson θ 法进行，计算结束后按式(4-7)和式(4-8)计算残余变形和动孔隙水压力的增加，并把它们转化成应变后按 Biot 固结理论进行计算，得出结点位移、单元应变和有效应力的变化。如此一个时段一个时段地进行计算，得出整个过程中动应力应变及有效应力和残余变形的发展过程。动力过程结束后继续进行静力计算以得出震后变形。

4.4　栗西尾矿坝二维动力耦合分析

4.4.1　二维静力计算分析

坝体的起始静应力状态对其抗震稳定性有重要的影响。本研究采用线弹性静力分析方法。根据试验资料，各种材料的静力计算参数如表 4-3、表 4-4 所示。

表 4-3　栗西尾矿坝静力学计算参数

参数	尾中砂	尾细砂	尾粉砂	块石、碎石(初期坝)
渗透系数 K	6×10^{-6}	4.8×10^{-7}	5.8×10^{-8}	2×10^{-4}
饱和密度 ρ	21.4	19.3	21.2	25
破坏比 R_f	0.71	0.855	0.66	
黏聚力 C	4	14	9	
摩擦角 φ	32	26	30	
K(load)	227	214	222	
K(bulk)	68	107	155	
n	0.87	0.65	0.73	
m	0.41	0.18	0.71	
K(ur)	522	657	727	

表 4-4 栗西沟尾矿坝静力学计算参数

材料	弹性模量 E(kPa)	泊松比 μ	重度(kN/m^3)
废石	60 000	0.25	17.8
轻亚黏土	5 000	0.30	17.8
粉砂	5 000	0.32	19.6
细砂	4 999	0.3	19.7

由 Geo - Slope 软件计算得到的 σ_x、σ_y 等值线分别如图 4-5、图 4-6 所示。计算结果表明,由于坝体仅受自重作用,且坝坡较缓,因而坝内主要为压应力。此外,计算中未发现应力水平接近或大于 1 的现象,由此可见,栗西沟尾矿坝在静力条件下是稳定的。

图 4-5 栗西尾矿坝 x 方向主应力 σ_x 等值线图 (单位:kPa)

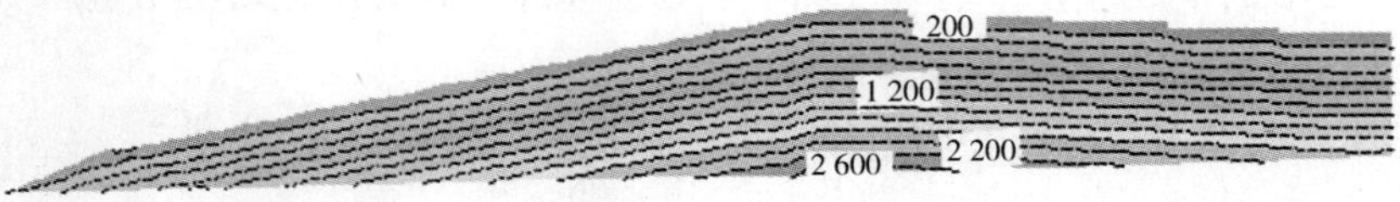

图 4-6 栗西尾矿坝 y 方向主应力 σ_y 等值线图 (单位:kPa)

4.4.2 二维动力计算分析

运用有限元方法进行动力稳定性计算。对于一个系统的动力反应的有限元方程可表述为

$$[M]\{\ddot{a}\} + [D]\{\dot{a}\} + [K]\{a\} = \{F\} \tag{4-26}$$

式中:$[M]$为质量矩阵;$[D]$为阻尼矩阵;$[K]$为刚度矩阵;$\{F\}$为荷载矢量;$\{\ddot{a}\}$为节点加速度矢量;$\{\dot{a}\}$为节点速度矢量;a 为节点位移矢量。

荷载矢量 $\{F\}$ 由下列不同力构成,即

$$\{F\} = \{F_b\} + \{F_s\} + \{F_n\} + \{F_g\} \tag{4-27}$$

式中:F_b 为体力;F_s 为由面边界压力引起的力;F_n 为集中节点力;$F_g = [M]\{\ddot{a}_g\}$ 为地震荷载力,$\ddot{a}_g$ 为施加的节点地震加速度。

质量矩阵$[M]$可表述为

$$[M] = \int_U \rho[\Psi]\mathrm{d}U \tag{4-28}$$

式中:ρ 为密度;$[\Psi]$为质量分布因子的对角矩阵。

阻尼矩阵$[D]$可表述为

$$[D] = \alpha[M] + \beta[K] \tag{4-29}$$

式中:α 和 β 称为瑞利阻尼系数,为标量。

α 和 β 与各振型的阻尼比 η_j 有如下关系

$$\eta_j = \frac{\alpha + \beta\omega_j^2}{2\omega_j} \tag{4-30}$$

式中：ω_j 为体系的第 j 阶固有振动频率。

刚度矩阵[K]可表述为

$$[K] = t\int_A [B]^{\mathrm{T}}[C][B]\mathrm{d}A \tag{4-31}$$

式中：t 为等厚度；[B]为应变—位移矩阵。

对于二维问题，应变—位移矩阵有

$$[B] = \begin{bmatrix} \frac{\partial N_1}{\partial x} & 0 & \cdots & \frac{\partial N_8}{\partial x} & 0 \\ 0 & \frac{\partial N_1}{\partial y} & \cdots & 0 & \frac{\partial N_8}{\partial y} \\ 0 & 0 & \cdots & 0 & 0 \\ \frac{\partial N_1}{\partial x} & \frac{\partial N_1}{\partial y} & \cdots & \frac{\partial N_8}{\partial x} & \frac{\partial N_8}{\partial y} \end{bmatrix} \tag{4-32}$$

式中：N 为插值函数。

[C]为本构矩阵，可表述为

$$[C] = \frac{E}{(1+\mu)(1-2\mu)}\begin{bmatrix} 1-\mu & \mu & \mu & 0 \\ \mu & 1-\mu & \mu & 0 \\ \mu & \mu & 1-\mu & 0 \\ 0 & 0 & 0 & 1-\mu \end{bmatrix} \tag{4-33}$$

式中：E 为杨氏模量；μ 为泊松比。

目前，运动方程可用几种方法求解，主要有振型叠加法、直接积分法和博里叶分析法。振型叠加法在理论上是简明的，并不适用于非线性动力分析。由于地面运动极不规则，以至于摒弃用傅里叶分析法来计算结构反应。在现有的各种动力方法中，首先选择直接积分法，它可以不求体系的自振频率，而直接解出各时刻的位移和应力。常用的几种数值积分方法有中心差分法、Houbolt 法、Wilson θ 法和 Newmark 法。

本研究在对尾矿坝进行动力分析时，计算中选择的动力参数见表 4-5。

表 4-5　动力计算参数

项目	尾中砂	尾细砂	尾粉砂	块石、碎石(初期坝)
模量参数 K	556	556	833	556
n	0.5	0.5	0.5	
C(kPa)	4	14	9	5
φ	32	26	29.5	34
最大阻尼比 λ	0.21	0.19	0.16	0.21
m	0.681	0.769	0.633	
动泊松比	0.45	0.48	0.48	0.45

在计算中根据勘探和测试结果对计算参数进行了调整，使之更接近尾矿坝的实际情况。根据尾矿库库容计算，并考虑坝体的安全超高及调洪库容等因素的影响，尾矿库综合法加高最终使用标高为 1 330 m，堆积坝外坡比 1∶5，尾矿沉积滩长度按 700 m 考虑。当前坝高按 1 270 m 考虑。通过软件 Geo – Slope 模拟计算地震作用下的尾矿坝的动力反应。在分析中，首先单独利用软件中的 Quake/W 模块，输入地震加速度时程曲线对尾矿坝的加速度、应力、位移、孔压及液化区域的反应作出了计算。然后，把地震分为十步，对每一时段首先利用 Quake/W 模块进行动力计算，然后把结果代入 Seep/W 模块进行渗流计算，得出新的孔压场。接着把上个时段 Quake 的应力计算结果当做下个时段的初始应力场，把 Seep/W 的渗流计算得出的新的孔压场作为下个时段的初始孔压场，这样来回代入模拟，直到地震结束。如表 4-6 所示对材料的渗透系数做了改变，最后对在不考虑渗流时的动力反应结果以及采用两种不同的渗透系数时动力反应与动力渗流耦合的三种结果进行对比，如图 4-7 所示。

表 4-6　两种方案下材料的渗透系数

方案	渗透系数 K			
	尾中砂	尾细砂	尾粉砂	块石、碎石（初期坝）
方案一	6×10^{-6}	4.8×10^{-7}	5.8×10^{-8}	2×10^{-4}
方案二	6×10^{-4}	4.8×10^{-5}	5.8×10^{-6}	2×10^{-2}

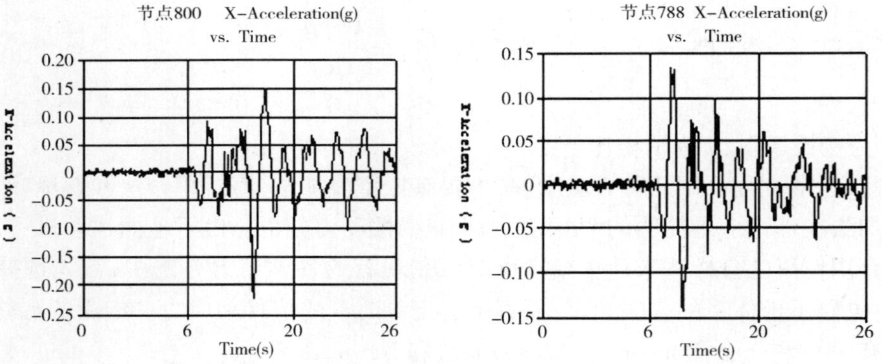

图 4-7　地震动加速度时程图

4.5　栗西尾矿坝加高三维静动力分析

三维计算以静力三维计算与动力三维计算为主要的两支，由静力三维计算来揭示基本荷载作用条件下尾矿坝各种方案的性状；由动力计算来揭示有特殊荷载作用条件时土石坝各种方案的性状，尤其是坝体砂层的液化可能性。动力计算时，对通常只有顺河向地震时的情况进行了计算，这是因为一般认为它是最危险的情况。

本研究拟用三维静力和动力计算分析结果来揭示静荷载和地震荷载作用条件下尾矿

坝在两种不同堆坝高程 1 300 m 和堆坝高程 1 330 m 时的静应力应变特性、动应力应变特性，并对尾矿坝的静力、动力稳定性及坝体液化的可能性进行评价。

根据工程设计要求，有两个不同的填筑高程，它们涉及的材料种类大体相同，都包括尾中砂、尾细砂、尾粉砂、尾粉土、尾粉质黏土共 5 种材料。计算中必须对它们的静、动力学特性参数正确确定。本次计算时，静力计算采用非线性 E－B 模型，模型包括 8 个计算参数：$C',\varphi',K,K_{ur},n,R_f,K_b,m$；动力计算采用沈珠江建议的等效黏弹性模型，有模量计算的 2 个参数（K_1、K_2），阻尼计算的 1 个参数（λ_{max}），动泊松比（μ）和残余变形计算的 5 个参数（C_1、C_2、C_3、C_4、C_5）。

对于各种材料，在确定上列各计算参数时，主要依据金堆城尾矿坝工程勘察试验和研究的资料，但对有些缺乏相应试验的材料，参考了类似工程和经验资料，确定出静力分析和动力分析的计算参数分别如表 4-7、表 4-8 所示。需要指出的是，由于尾粉土、尾粉质黏土皆分散在坝体不同部位，呈透镜体分布，且其分布区域小，故计算时没有单独考虑这两种材料，把它们近似地简化为与所在层的材料性质相同。

坝区设计地震加速度时程是按照“金堆城钼业公司栗西尾矿坝加高扩容工程场地地震安全性评价报告”中 50 年超越概率 10% 设防概率水平下的合成场地基岩地震动加速度时程确定的，峰值加速度 $a=0.141g$，特征周期 0.34 s，具体的地震加速度时程曲线如图 4-8 所示。因为一般认为顺河向地震是最危险的情况，因此计算时，只考虑了水平顺河向的地震加速度输入。

表 4-7　各种材料的静力特性计算参数

坝体材料	K	K_{ur}	C(kPa)	φ(°)	R_f	n	K_b	m	γ(kN/m³)	γ_{sat}(kN/m³)
尾中砂 1	150	536	5	34	0.84	0.87	68	0.41	20.1	21.9
尾中砂 2	227	522	4	32	0.71	0.51	68	0.41	18.8	21.4
尾细砂	214	657	14	26	0.86	0.65	107	0.18	17.5	19.3
尾粉砂	210	527	9	29.5	0.66	0.73	85	0.28	18.3	21.2

表 4-8　各种材料的动力特性计算参数

坝体材料	K_2	λ_{max}	μ	K_1	C_1	C_2	C_3	C_4	C_5
尾中砂 1	580	0.22	0.48	9.1	0.002	0.70	1.0	0.9	1
尾中砂 2	570	0.21	0.48	9.1	0.002	0.75	1.1	0.9	1
尾细砂	556	0.19	0.48	8.6	0.002	0.75	1.3	0.7	1
尾粉砂	833	0.16	0.48	12	0.002	0.75	1.2	0.8	1

计算时采用了中国科学院沈珠江院士的 EFES3D 程序，该程序静力计算具有 E－B 非线性模型，南水双屈服面弹塑性模型，动力计算采用等效黏弹性模型，可计算出残余变形并利用孔压模型可计算出残余孔压。该程序经过大量实际工程验证，可以很好地模拟

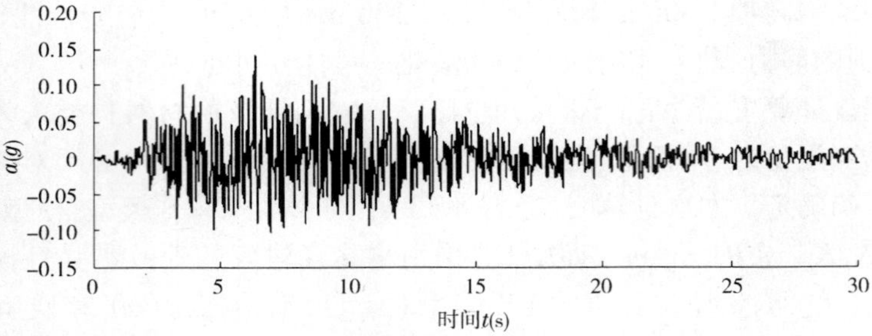

水平向输入加速度

图 4-8　输入地震时程曲线

工程的实际情况，计算结果比较真实可靠。

计算时对坝的实体模型用六面体单元进行有限元离散，其实体图与网格图如图 4-9、图 4-10 所示。两个方案的单元数分别为 5 132 个、6 542 个，节点数分别为 6 871 个和 7 826个。模型的约束，在上下游端部为侧向约束，左右侧及底部为全约束。

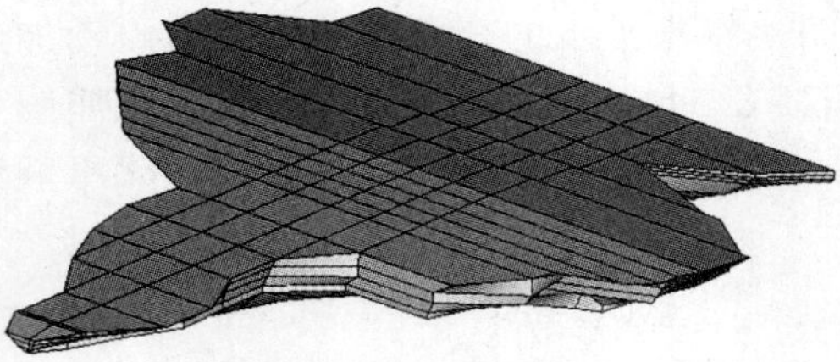

(a)1 300 m高程实体模型图

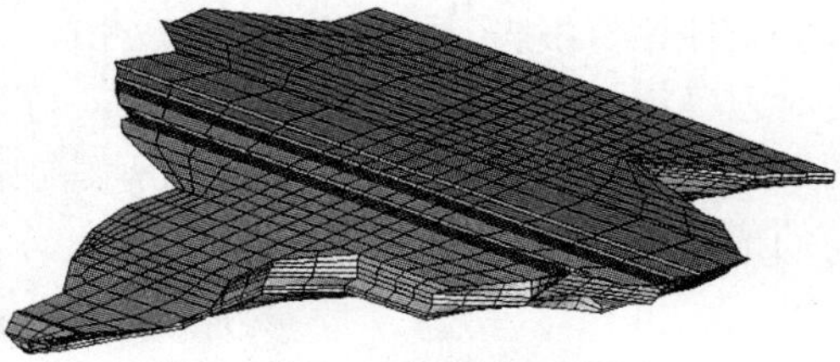

(b)1 300 m高程模型网格图

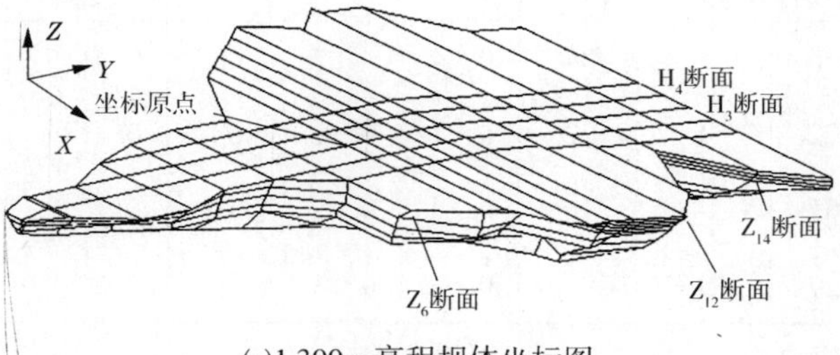

(c)1 300 m高程坝体坐标图

图 4-9　1 300 m 高程阶段方案图

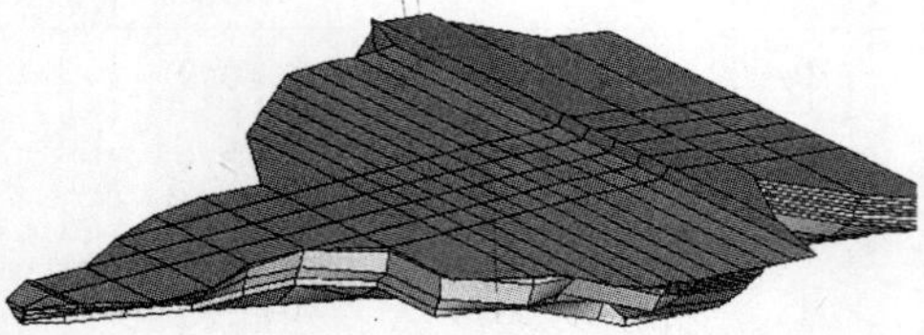

(a)1 330 m高程实体模型图

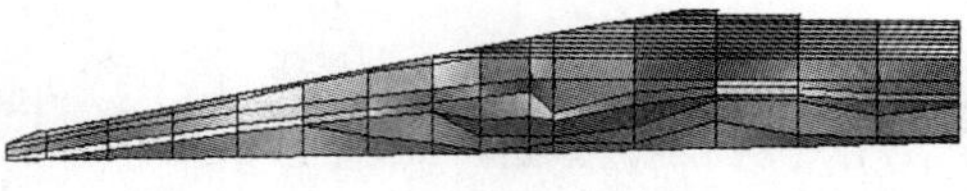

(b) 1 330 m高程实体模型侧面图

图 4-10　1 330 m 高程坝体坐标图

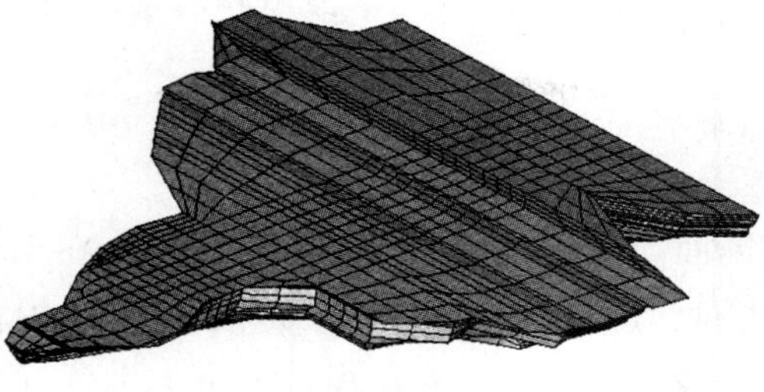

(c)1 330 m高程模型网格图

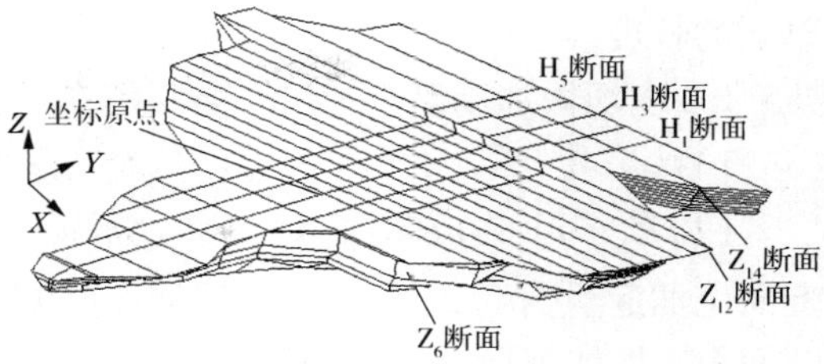

(d)1 330 m高程坝体坐标图

续图 4-10

考虑到大坝施工过程中荷载的施加也涉及初始应力与应变的影响，即现有坝体中各单元已存在固结完成时的初始应力，它对施工加载产生一种预应力效应，计算采用了只计算应力而不保留变形的方法。对已成坝体的变形只考虑附加应力所产生的变形，不考虑自重应力所产生的变形；加高填筑的坝体既考虑自重应力所产生变形，也考虑附加应力所产生的变形。在求解过程中，模拟尾矿坝的实际填筑过程，计算其应力与应变。

4.5.1　三维静力计算与分析

根据计算结果，分别对填筑高程 1 300 m 方案和填筑高程 1 330 m 方案作以下分析：

(1)对填筑高程 1 300 m 方案和填筑高程 1 330 m 方案分别绘出垂直坝轴线上 $H_3(x=0\ \mathrm{m})$、$H_4(x=-80\ \mathrm{m})$2 个横断面和 $H_3(x=0\ \mathrm{m})$、$H_1(x=160\ \mathrm{m})$、$H_5(x=-160\ \mathrm{m})$3 个横断面的水平位移 u_y 和沉降 u_z、大主应力和小主应力以及应力水平的等值线分布图。

(2)对填筑高程 1 300 m 方案和填筑高程 1 330 m 方案分别绘出 $Z_6(y=-80\ \mathrm{m})$、$Z_{12}(y=350\ \mathrm{m})$、$Z_{14}(y=550\ \mathrm{m})$的 3 个纵剖面和 $Z_6(y=-80\ \mathrm{m})$、$Z_{10}(y=150\ \mathrm{m})$、$Z_{12}(y=350\ \mathrm{m})$和 $Z_{14}(y=550\ \mathrm{m})$4 个纵剖面的竖向位移 u_z 和侧向位移 u_x、大主应力和小主应力以及应力水平的等值线分布图。

(3)在上述静力计算结果的基础上，计算了尾矿坝下游坝坡的整体滑动安全系数，对各方案下游坝坡的静力稳定性进行评价。计算采用圆弧法，利用有限元静力计算结果和危险滑弧搜索法确定最小的安全系数，此时滑动面上不同单元处的法向应力 σ'_{n} 和切向应力 τ_{n} 分别为

$$\left.\begin{aligned}\sigma'_{\mathrm{n}} &= \frac{1}{2}(\sigma_x+\sigma_y)+\frac{\sigma_x-\sigma_y}{2}\cos2\beta-\tau_{xy}\sin2\beta\\ \tau'_{\mathrm{n}} &= \frac{1}{2}(\sigma_x-\sigma_y)\sin2\beta+\tau_{xy}\cos2\beta\end{aligned}\right\}\tag{4-34}$$

式中：σ_x、σ_y、τ_{xy} 为坝体填筑到设计高程后的有效应力；β 为相应单元滑动面切向与水平向的夹角。这种计算的安全系数为

$$F_{\mathrm{s}} = \frac{\sum(\sigma'_{\mathrm{n}i}+\tan\varphi'_i l_i+C'_i l_i)}{\sum\tau_{\mathrm{n}i}l_i}\tag{4-35}$$

式中：C_i'、φ_i' 和 l_i 分别为滑动面上第 i 单元的有效黏聚力、有效内摩擦角和滑动面通过 i 单元的长度。

4.5.1.1 坝体加高到 1 330 m 高程的主要工作特性

1）*位移场*

（1）图 4-11 为横断面 H_3 位移分布场。横断面 H_3，坝体最大沉降量为 1.5 m，在坝坡上向上涌起量为 0.5 m，发生在坝坡中间偏上部位，坝坡顺河下游向位移为 0.70 m。对横断面 H_1，坝体沉降在最大填筑垂直高度处，其沉降量为 1.10 m，在坝坡上有向上涌起变形，其涌起量为 0.1 m，发生在坝坡中间偏上部位，坝前顺河下游向位移为 0.45 m，发生在坝坡垂直方向的中间位置，上游向水平位移为 0.1 m，比较小。横断面 H_5 坝体最大沉降量为 1.1 m，坝坡向上涌起为 0.4 m，坝坡顺河向水平位移为 0.75 m。从横断面的变形来分析，其与坝高 1 300 m 方案具有相同的现象，坝坡均有向上涌起的变形，坝坡顺河向水平位移比较大，造成这些现象是尾矿坝采用上游式筑坝和库区地形影响的结果。

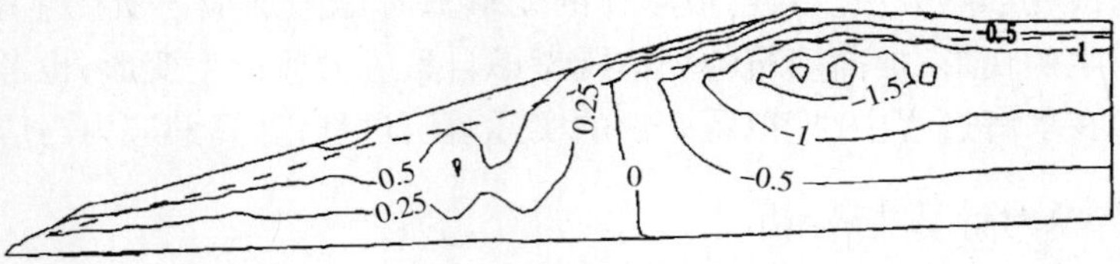

图 4-11 横断面 H_3 z 方向位移等值线 U_z （单位：m）

（2）图 4-12 为纵断面 Z_{12} 位移分布场。对于接近堆积坝顶坝轴线的纵断面 Z_{12}，垂直向位移为 1.2 m，坝左和坝右向河谷水平位移分别为 0.15 m 和 0.25 m。对处于坝坡的 Z_6 断面，垂直沉降量为 0.35 m，坝左水平向河谷变形为 0.30 m，坝右水平向河谷变形为 0.10 m，这主要是由于地形变化不同造成的水平向变形不对称。对同样处于坝坡的纵断面 Z_{10}，垂直位移为 0.40 m，坝左水平向河谷变形为 0.10 m，坝右水平向河谷变形为 0.15 m。处于坝上游的纵断面 Z_{14}，垂直向位移为 0.9 m，坝左和坝右向河谷水平位移分别为 0.10 m 和 0.20 m。从纵断面上的变形分析，河谷左右不对称，造成坝左和坝右向河谷的水平变形不同，总的表现出左右两岸向河谷挤压变形的特点。垂直向位移表现为中间部位最大、两侧较小，反映了河谷两侧覆盖不同深度的影响。

2）*应力场*

（1）图 4-13 为横断面 H_3 应力分布场。横断面 H_3，垂直有效应力 σ_z 为 1.3 MPa，大主应力 σ_1 为 1.2 MPa，小主应力 σ_3 为 0.55 MPa，最大应力水平为 0.80，主要发生在原坝体内偏坝前位置。对横断面 H_1，垂直有效应力 σ_z 为 1.1 MPa，大主应力 σ_1 为 1.1 MPa，小主应力 σ_3 为 0.50 MPa，最大应力水平为 0.8，主要发生在原坝区，范围比较大。横断面 H_5，垂直向有效应力 σ_z 为 1.2 MPa，大主应力 σ_1 为 1.2 MPa，小主应力 σ_3 为 0.50 MPa，最大应力水平为 0.80。坝高 1 330 m 方案与坝高 1 300 m 方案应力在横断面上具有相同的规律，垂直有效应力 σ_z 相对偏小，发生的原因是相同的。

（2）图 4-14 为纵断面 Z_6 应力分布场。对处于坝坡位置的纵断面 Z_6 上，垂直方向的最大有效应力 σ_z 为 0.605 MPa，最大主应力 σ_1 为 0.8 MPa，最小主应力 σ_3 为 0.35 MPa，

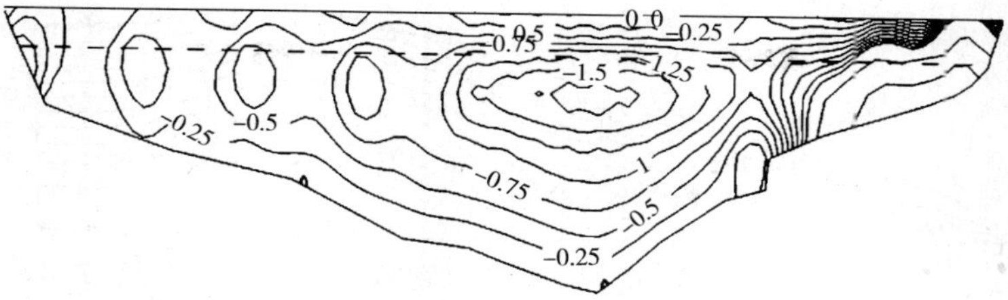

（a）z方向位移等值线U_z(m)

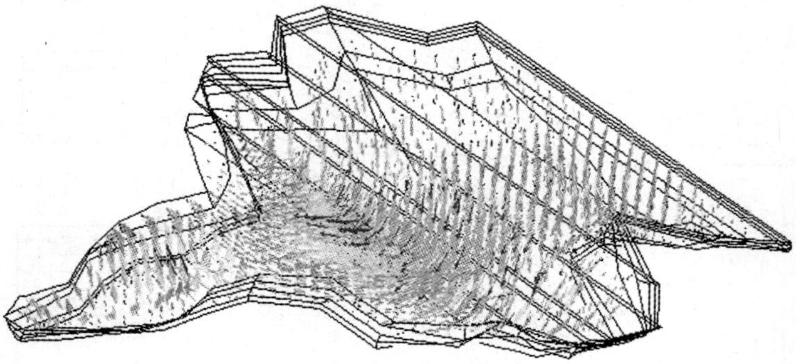

（b）变形矢量示意图

图 4-12　纵断面 Z_{12} 位移分布场

最大应力水平为 0.8，发生在坝底局部地方，此断面与 1 300 m 高方案处在同一位置上，相比较，大小主应力增加比较明显，垂直有效应力有所增加，但是不大，这可能是对纵断面 Z_6 在1 330 m高尾矿坝填筑时，其加荷路径不同造成的。纵断面 Z_{10} 上垂直方向的有效应力 σ_z 为 1.05 MPa，最大主应力 σ_1 为 1.15 MPa，最小主应力 σ_3 为 0.47 MPa，最大应力水平为 0.8。纵断面 Z_{12} 上垂直方向的有效应力 σ_z 为 1.25 MPa，最大主应力 σ_1 为 1.10 MPa，最小主应力 σ_3 为 0.50 MPa，最大应力水平为 0.85。纵断面 Z_{14} 上垂直方向的有效应力 σ_z 为 1.00 MPa，最大主应力 σ_1 为 1.00 MPa，最小主应力 σ_3 为 0.55 MPa，最大应力水平为 0.86。分布在坝体底部和左部坝肩部位。在尾矿坝坝前，随着坝体的延伸，其应力水平降低，这与实际是相符合的。

3）坝坡静力稳定性

本次计算在有限元计算出来的静力结果的基础上，利用危险滑弧搜索法确定坝坡最小的安全系数，最危险滑弧在边坡下（圆心坐标（ −254.0，1667.0），半径为 506）计算得到的坝坡最小的安全系数 F_s 为 1.836。

4.5.1.2　坝体加高到 1 300 m 高程的主要工作特性

1）位移场

（1）对处在坝体中间的横断面 H_3，坝体沉降在最大填筑垂直高度处，其沉降量为 1.10 m，但在坝坡上有向上涌起变形，其最大涌起量为 0.3 m，从变形云图和断面等值线分析，主要涌起量发生在坝坡中间偏上部位，造成这一现象的原因是尾矿坝采用上游式筑坝和边界等约束。坝坡顺河向位移为 0.5 m，而坝前的位移比较小，仅仅为 0.06 m，这一现象主要是尾矿坝上游式筑坝的这一形式造成的。对于横断面 H_4，垂直变形为 1.0 m，坝

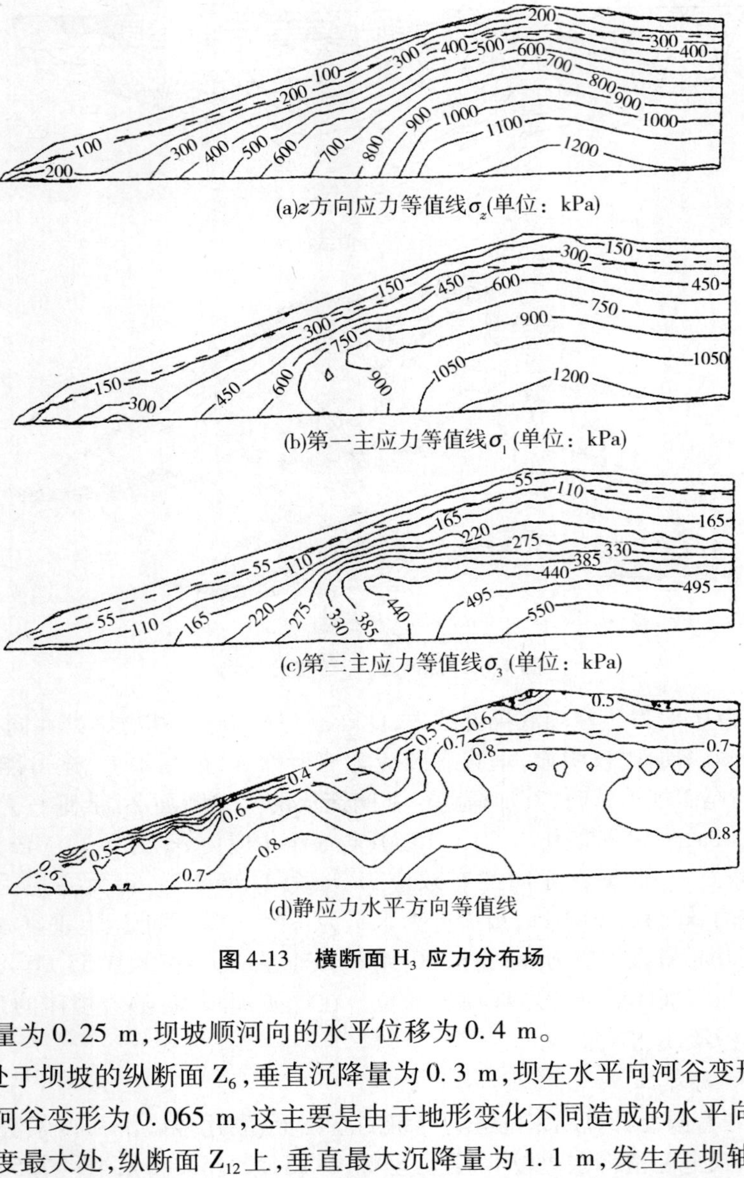

图 4-13　横断面 H_3 应力分布场

坡向上涌起量为 0.25 m，坝坡顺河向的水平位移为 0.4 m。

(2)对处于坝坡的纵断面 Z_6，垂直沉降量为 0.3 m，坝左水平向河谷变形为 0.135 m，坝右水平向河谷变形为 0.065 m，这主要是由于地形变化不同造成的水平向变形不对称。在坝填筑高度最大处，纵断面 Z_{12} 上，垂直最大沉降量为 1.1 m，发生在坝轴线部位，坝左和坝右向河谷水平向位移为 0.05 m 和 0.08 m，比较对称分布。纵断面 Z_{14} 垂直最大沉降量为 0.4 m，坝左和坝右向河谷水平向位移为 0.04 m 和 0.06 m，比较对称分布。沿 z、y 方向的变形矢量见图 4-15。

(3)沿坝体轴线上的沉降在中间部位最大，两侧较小，主要反映了不规则 U 形河谷的影响。

(4)坝体有由左、右两岸向河中央挤压的变形特点。

2)*应力场*

(1)对处在坝体中间的横断面 H_3，垂直有效应力 σ_z 为 1.0 MPa，大主应力 σ_1 为 1.1

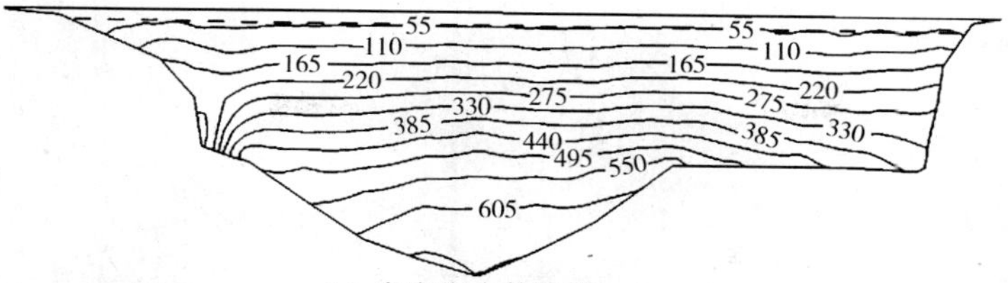

(a) z 方向应力等值线 σ_z

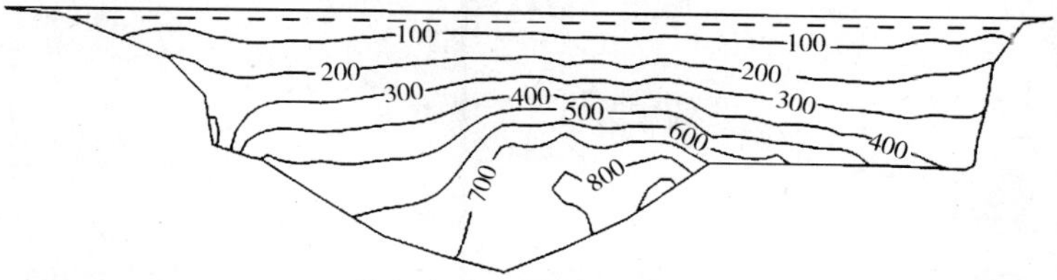

(b) 第一主应力等值线 σ_1

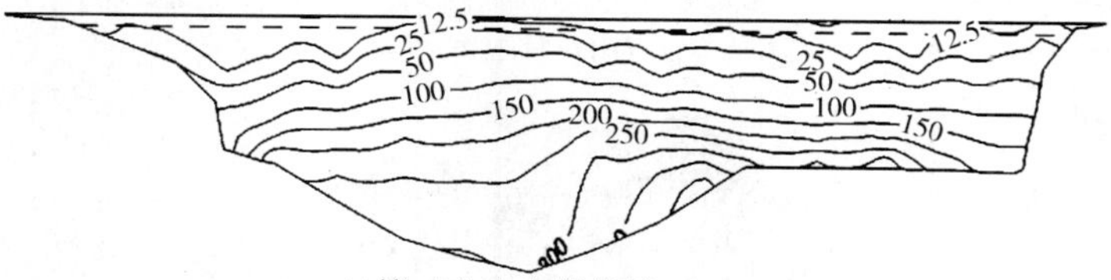

(c) 第三主应力等值线 σ_3

图 4-14　纵断面 Z_6 应力分布场　（单位：kPa）

MPa，小主应力 σ_3 为 0.45 MPa，最大应力水平为 0.8。发生在坝体底部局部地方，大范围的应力水平为 0.7，主要发生在原坝区，应力水平比较高。横断面 H_4 垂直有效应力 σ_z 为 1.0 MPa，大主应力 σ_1 为 1.1 MPa，小主应力 σ_3 为 0.45 MPa，最大应力水平为 0.8，范围比较大。

（2）对处于坝坡位置的纵断面 Z_6 上，垂直方向的最大有效应力 σ_z 为 0.5 MPa，最大主应力 σ_1 为 0.45 MPa，最小主应力 σ_3 为 0.2 MPa，最大应力水平为 0.8，发生在坝底局部地方。纵断面 Z_{12} 上垂直方向的有效应力 σ_z 为 0.8 MPa，最大主应力 σ_1 为 0.90 MPa，最小主应力 σ_3 为 0.40 MPa，最大应力水平为 0.8，分布在坝体底部和左部坝肩部位。纵断面 Z_{14} 上垂直方向的有效应力 σ_z 为 0.8 MPa，最大主应力 σ_1 为 0.80 MPa，最小主应力 σ_3 为 0.35 MPa，最大应力水平为 0.7，在尾矿坝坝前，随着坝体的延伸，其应力水平降低，这与实际是相符合的。

3）坝坡静力稳定性

本次计算在有限元计算出来的静力结果的基础上，利用危险滑弧搜索法确定坝坡最小安全系数，计算得到的坝坡最小的安全系数 F_s 为 1.867。

4.5.2　三维动力计算与分析

为了便于计算分析，计算结果均分别对 1 300 m 高程方案取 2 个横断面和 3 个纵断面，对 1 330 m 高程方案取 3 个横断面和 3 个纵断面，分析各断面上的应力与残余变形，并且地震过程中平均有效应力 P 和动剪应力 τ_d。此不同时刻的动应力场显示了地震过

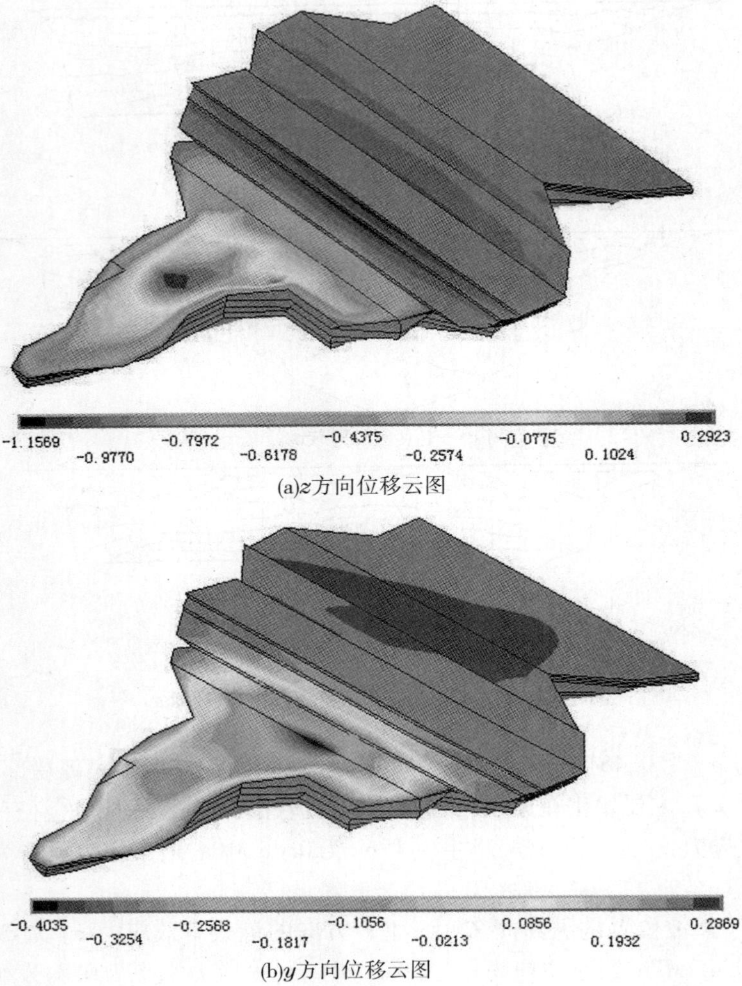

图 4-15　沿 z、y 方向位移云图

程中不同时刻的动应力场，是坝体各点强度分析的基础；地震过程中不同时刻的残余孔压场和孔压比，显示了地震过程中不同断面的不同时刻残余孔压的发展情况，是液化分析的基础；地震过程中不同时刻坝体的残余变形显示了尾矿坝在地震过程中的变形情况，是尾矿坝地震破坏分析的基础。

4.5.2.1　坝体加高到 1 330 m 高程的主要工作特性

1）*动应力场与残余变形场*

图 4-16 为横剖面 H_3 上两个时刻坝体动剪应力场、动残余变形场。由最大横断面 H_3 动剪应力的等值线分布，坝坡靠近坝顶下部较大，最大 0.40 MPa，坝体上部动剪应力较小；动残余变形随地震历时的增长缓慢增长，y 方向最大残余应变发生在坝坡面的中间靠下游部位，地震结束时最大值为 −0.27 m，z 方向最大残余应变发生在坝顶附近，地震结束时最大值为 −0.55 m。其他两个横断面残余变形的分布规律和最大横剖面的分布规律

相似，其特征值都小于最大断面的特征值。

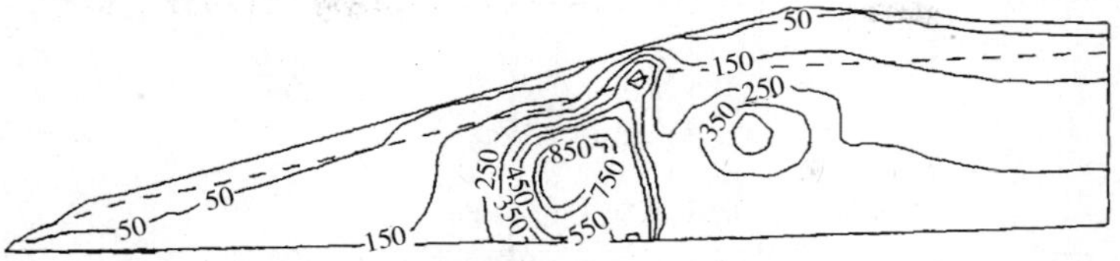

(a)地震8 s时动剪应力τ_d（kPa）等值线

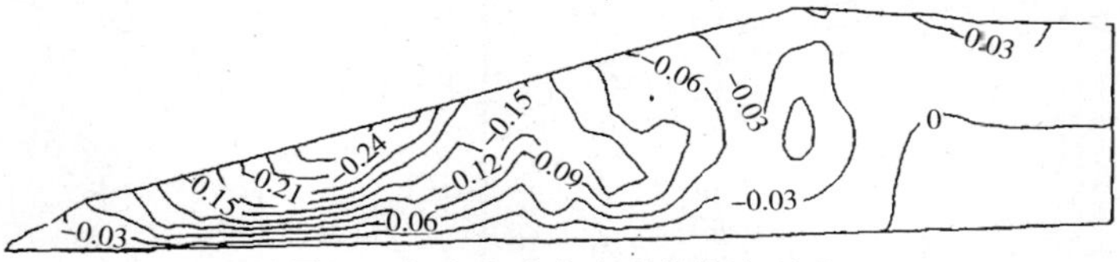

(b)地震30 s时y方向残余变形等值线(单位：m)

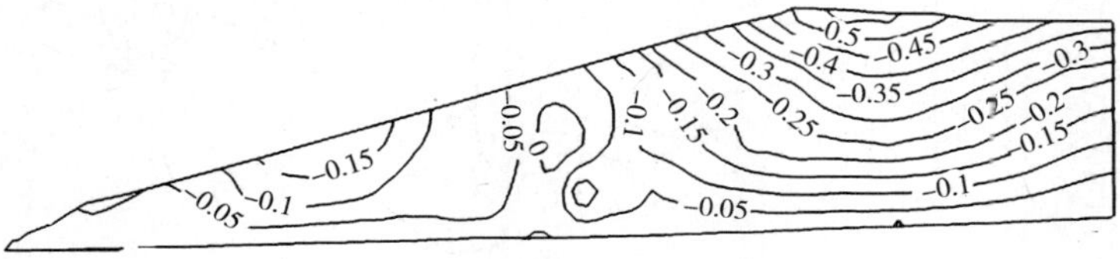

(c)地震30 s时z方向残余变形等值线(单位：m)

图 4-16　剖面 H_3 上的动剪应力、动残余变形场

图 4-17 为纵断面 Z_{12} 上的动应力、残余变形分布场，从三个纵断面动剪应力分布的总体规律来看，显示为下部大、上部小的规律性，其中 Z_{12} 断面动剪应力最大值为 0.30 MPa；残余变形分布，从总体规律来看，z 方向分布为下部大、上部小的规律性，最大值在最大坝高处，其中 Z_{12} 断面值最大，其最大值为 0.55 m，x 方向三个纵断面总体显示的残余变形呈对称性分布，也显示下部小、上部大的规律性，其中 Z_{12} 断面值最大，其最大值为 0.06 m，其他两个纵断面的值较小。

2）地震反应加速度

图 4-18 为最大横剖面 H_3 上 8 s 时 y 方向和 z 方向坝体地震反应加速度场分布场。依据地震反应加速度场分布，y 方向和 z 方向地震反应加速度总体规律表现为下部小、上部大，顶部最大，8 s 时达到最大值。y 方向最大值为 0.8 m/s^2，z 方向最大 0.15 m/s^2。

3）动孔隙水压力、孔压比和平均主应力

图 4-19 给出了指定单元的动孔隙水压力随震动历时的增长曲线，图 4-20 为三个横剖面上四个时刻坝体动孔隙水压力、孔压比、平均主应力场分布。依据动孔隙水压力增长曲线和动孔隙水压力场分布，动孔隙水压力随地震历时的增长，8 s 以前增长较快，8 s 以后增长缓慢，三个横断面的规律性相似，地震结束时，横断面 H_3 的动孔隙水压力值最大，其最大值为 0.25 MPa。三个横断面的动孔隙水压力分布显示下部大、上部小的规律性。由三个横断面孔压比分布场可知，总体规律性是浸润线下尾矿坝坝坡中部偏上部位，孔压比较高，其中横断面 H_3 最大值达 0.8 左右；坝前距坝顶 150 m 以外的库区顶部区域的孔压比接近于 1.0，坝体其他部位孔压比较小，三个横断面的孔压比分布均显示出下部小、上

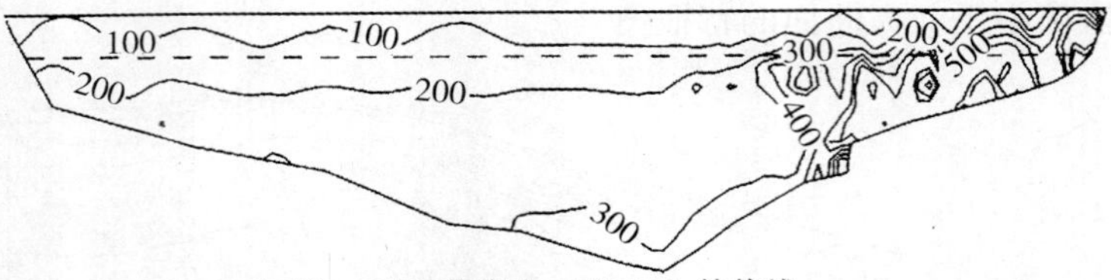

(a)地震8 s时动剪应力 τ_d（kPa）等值线

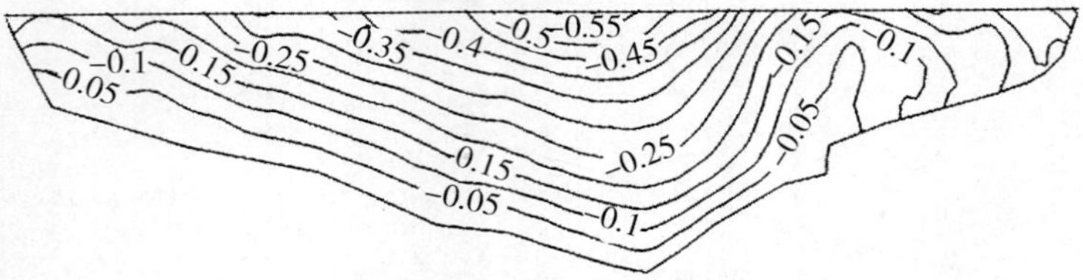

(b)地震15 s时z方向残余变形等值线

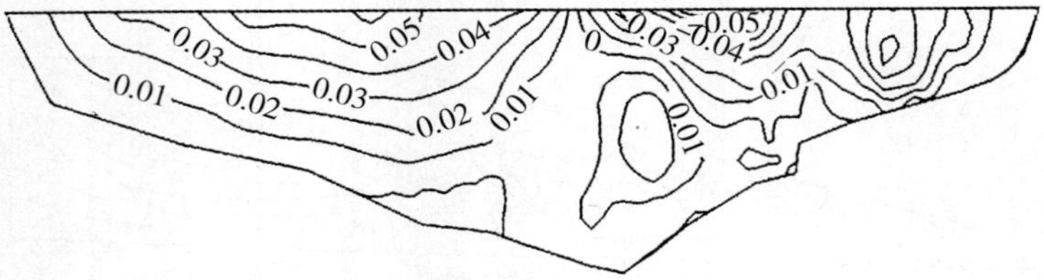

(c)地震30 s时y方向残余变形等值线

图 4-17　纵断面 Z_{12}（$y=350$ m）上的动应力场与残余变形场　（单位：m）

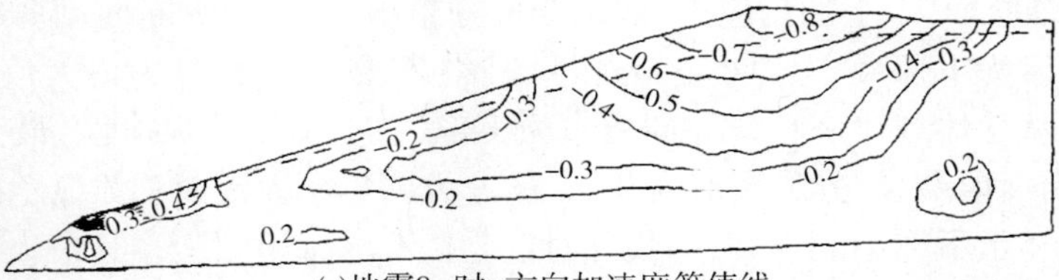

(a)地震8 s时y方向加速度等值线

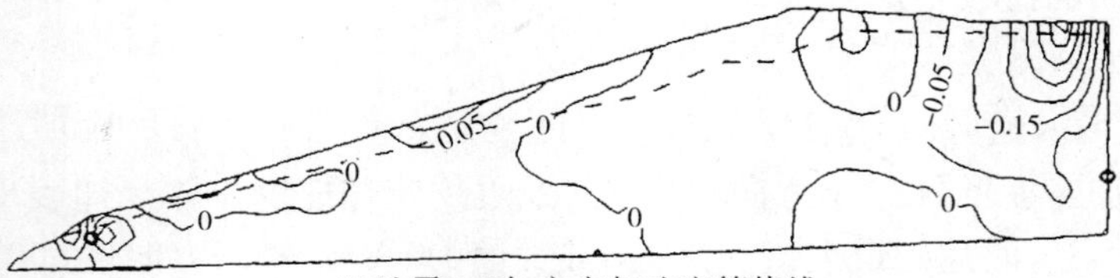

(b)地震8 s时z方向加速度等值线

图 4-18　最大横剖面 H_3 上坝体地震反应加速度场分布场　（单位：m/s^2）

部大的规律性。由三个横断面平均主应力场分布可知，三个横断面总体分布规律为自下而上逐渐减小，最大横断面最大值为 0.80 MPa。

图 4-21 为纵断面 Z_{12} 上不同时刻的坝体动孔隙水压力、孔压比、平均主应力场分布。三个纵断面上动孔隙水压力随地震历时的增长，8 s 以前增长较快，8 s 以后增长缓慢，其中 Z_{12} 断面值最大，地震结束时最大值为 0.27 MPa，其他断面的值较小；由孔压比分布场可知，三个纵断面上孔压比都显示下部小、上部大的规律性，其中，Z_{12} 断面的最大孔压比

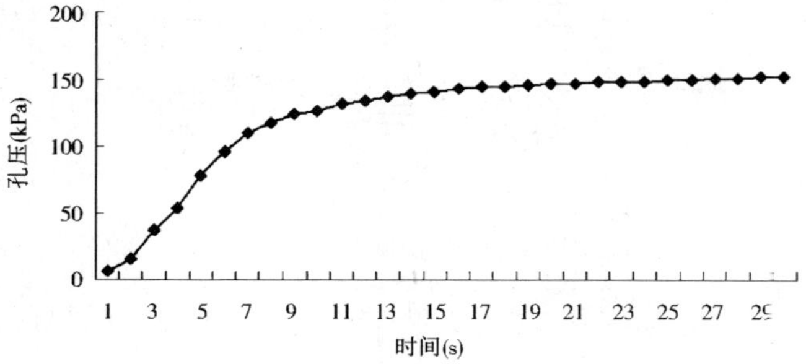

图 4-19　第 1000 个单元孔压发展图

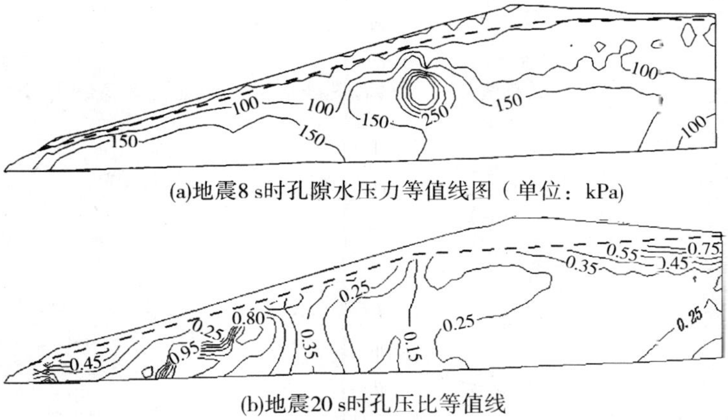

图 4-20　坝体动孔隙水压力及孔压比等值线

最大值为 0.6，Z_6 断面的最大孔压比最大值为 0.8，Z_{14}断面的最大孔压比最大值接近 1.0。由平均主应力场分布可知，三个纵断面平均主应力分布规律为自下而上逐渐减小，其中，Z_{12}断面值最大，下部最大值 0.80 MPa。

4）坝坡动力稳定性

本次计算在有限元计算出来的动力结果的基础上，利用危险滑弧搜索法确定坝坡最小的安全系数，最危险滑弧见图 4-22，计算得到的坝坡最小的稳定安全系数 F_s 为 1.19。

4.5.2.2　坝体加高到 1 300 m 高程的主要工作特性

1）动应力场与残余变形场

H_3 最大横剖面上四个时刻坝体动剪应力场、动残余变形场。依据动剪应力的等值线分布，坝轴线下坝基附近较大，最大 0.265 MPa，坝体上部动剪应力很小；动残余变形随地震历时的增长缓慢增长，y 方向最大残余应变发生在坝坡面的中间部位，地震结束时最大值 −0.115 m，z 方向最大残余应变发生在坝顶附近，地震结束时最大值 −0.35 m。H_4 横断面上动应力、残余变形分布，其分布的规律性和最大横剖面的分布规律相似，其特征值都小于最大断面的特征值。

Z_{12}断面动剪应力最大，最大值为 0.22 MPa，其他两个纵断面的值较小；残余变形分

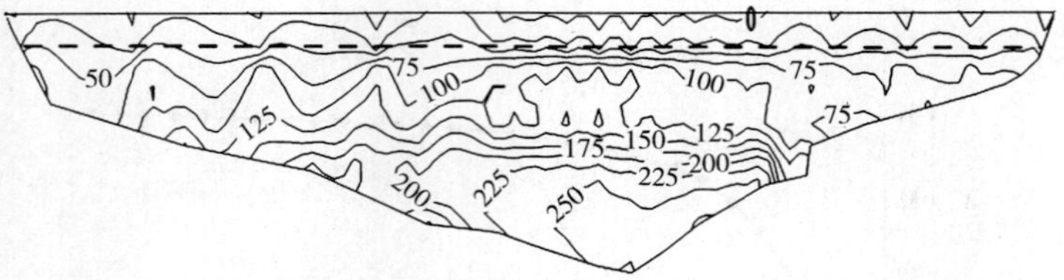

(a)地震30 s时孔隙水压力等值线图（单位：kPa）

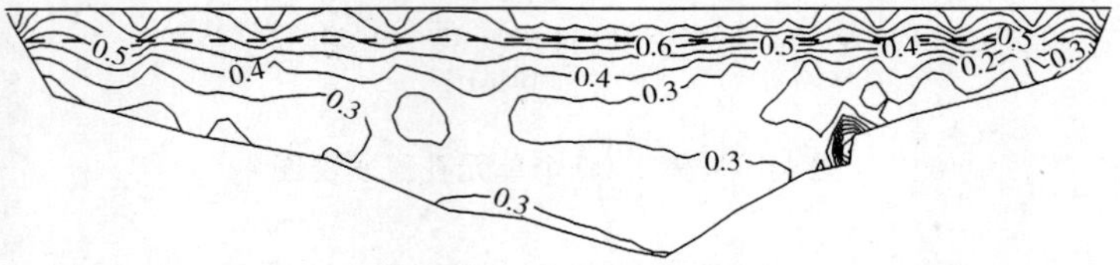

(b)地震30 s时孔压比等值线

图 4-21　纵断面 Z_6 上坝体动孔隙水压力、孔压比等值线

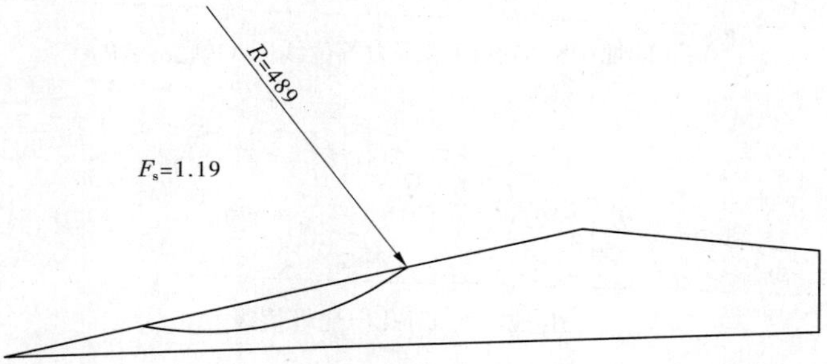

图 4-22　1 330 m 高程方案动力（圆心坐标：−236.0，1661.0，F_s = 1.19，半径 = 489）

布，对 z 方向分布为下部大、上部小的规律性，最大值在最大坝高处，其中 Z_{12} 断面值最大，其最大值为 0.24 m，x 方向的残余变形呈对称性分布，也显示下部小、上部大的规律性，其中 Z_{12} 断面值最大，其最大值为 0.022 m，其他两个纵断面的值较小。

2）地震反应加速度

最大横剖面 H_3 上五个时刻坝体地震反应加速度分布场，依据地震反应加速度场分布，分布规律自下而上逐渐增大，顶部最大，8 s 时达到最大值。y 方向最大值为 0.7，z 方向最大值为 0.2。

3）动孔隙水压力、孔压比和平均主应力

最大横剖面 H_3 上四个时刻坝体动孔隙水压力、孔压比、平均主应力场分布。依据动孔隙水压力场分布，动孔隙水压力随地震历时的增长，8 s 以前增长较快，8 s 以后增长缓慢，地震结束时最大值 0.22 MPa；由孔压比分布场可知，尾矿坝坝坡中部接近坡面附近，孔压比较高，最大值达 0.8 左右，坝前距坝顶 150 m 以外的库区顶部区域的孔压比接近于 1.0，坝体其他部位孔压比较小。由平均主应力场分布可知，分布规律自下而上逐渐减小，下部最大值为 0.66 MPa。H_4 横断面坝体动孔隙水压力、孔压比、平均主应力场分布。其分布的规律性和最大横剖面的分布规律相似。

三个纵断面上动孔隙水压力随地震历时的增长,8 s 以前增长较快,8 s 以后增长缓慢,其中 Z_{12} 断面值最大,地震结束时最大值 0.20 MPa,其他断面的值较小;由孔压比分布场可知,三个纵断面上孔压比都显示下部小、上部大的规律性,其中,Z_{12} 断面的最大孔压比为 0.6,Z_6 断面的最大孔压比为 0.8,Z_{14} 断面的最大孔压比为 1.0。由平均主应力场分布可知,三个纵断面平均主应力分布规律自下而上逐渐减小,其中,Z_{12} 断面值最大,下部最大值为 0.605 MPa,其他两个断面较小。

4)坝坡动力稳定性

本次计算在有限元计算出来的动力结果的基础上,利用危险滑弧搜索法确定坝坡最小的安全系数,计算得到的坝坡最小的安全系数 F_s 为 1.21。

4.6 小　结

本研究通过对栗西尾矿坝进行静动力稳定性分析,可以得出以下结论:

(1)静力计算分析表明,堆坝标高 1 300 m 和 1 330 m 坝体内所有各单元应力水平都小于 1,无拉应力区出现,通过有限元计算结果计算坝坡的最小稳定安全系数分别为 1.867 和 1.836,说明尾矿坝在静力状态下是稳定的。

(2)通过分级加载计算,两种标高的坝体的最大竖向位移分别为 1.1 m 和 1.5 m 左右,且最大沉降出现点的位置相同,均在最大坝高坝体偏上部位。

(3)由计算结果可知,堆坝标高 1 300 m 坝坡顺河向,向下游最大水平位移 0.5 m,鼓胀 0.3 m;堆坝标高 1 330 m 坝坡顺河向,向下游最大水平位移 0.75 m,鼓胀 0.5 m。

(4)坝体在给定的地震力作用下,两种堆坝标高坝体的反应加速度的最大值一般发生在坝体顶部,坝顶的水平向反应加速度无放大作用,竖向加速度反应均明显小于水平向加速度反应。

(5)地震反应结束时,1 300 m 标高坝体的垂直向动残余变形值为 −0.35 m,1 330 m 标高坝体垂直向残余变形值为 −0.55 m;1 300 m 标高坝体的水平向动残余变形值为 −0.12 m,1 330 m 标高坝体水平向残余变形值为 −0.27 m;地震反应引起的变形较小,不会造成坝体明显滑动。

(6)尾矿坝的坝坡中部浸润线下局部部位在地震反应结束时的最大孔压比值较大,达到 0.8,接近于液化;但考虑到计算为完全不排水条件,而由于尾矿料的渗透系数(10^{-4} ~ 10^{-3} cm/s)较大,使实际地震过程中产生一定程度的排水,加之原状尾矿料的动力抗震特性比扰动样有一定的提高,因此结合实际条件尾矿坝坝坡液化的可能性很小。

(7)两种坝高分别在坝顶干滩靠近库区水的边线上部孔压比值均比较大,接近于 1,有局部液化的可能性,但不会影响尾矿坝坝体的稳定。

(8)两种坝高在地震反应结束时的动力边坡稳定安全系数分别为 1.21、1.19,表明动力作用下尾矿坝的边坡仍然是稳定的。

(9)尾矿坝静力、动力及液化分析计算结果与我国上游式尾矿坝实际地震观测到的情况相符。

(10)栗西尾矿坝初期坝为透水堆石坝,堆积坝外坡 20 m 深度范围内基本为尾中砂,并且外坡坡比 1∶5，比较缓，且保持 600 m 以上的干滩长度，故只要采取有效降低坝体浸润线、保证干滩长度的措施，可满足动力稳定要求。

（11）为了保证尾矿坝的安全，必须采取大口辐射井措施，降低坝坡地下水位，以杜绝尾矿砂的液化根源；加强放矿管理，保证坝前沉积为中、细砂，有利于排水固结；采取贴坡反滤排水、翻砂覆盖压重措施，可提高坝体抗震能力。

第 5 章　尾矿坝排渗体淤堵对坝体稳定性的影响研究与分析

5.1　概　述

国内外对于尾矿坝稳定性的研究与分析主要是应用土力学分析边坡稳定性，对于尾矿坝的淤堵现象、淤堵机理、淤堵与渗流之间关系的研究很少。而实际上，尾矿坝的排渗体化学淤堵是一种经常发生的现象，淤堵是引起尾矿坝不稳定的重要原因之一。根据成因，淤堵现象主要分为机械淤堵、生物淤堵、化学淤堵。机械淤堵可以采用机械的方法进行除淤，生物淤堵目前研究还不是很多，本书考虑到尾矿库水体当中含有多种金属颗粒和化学物质，故主要研究化学淤堵现象[85]。所谓化学淤堵，一般是指孔隙空间由于某种或某几种物质的不断增加引起的堵塞，通常对于土壤、渗透介质等的淤堵最直观的反应就是其渗透系数的降低。

尾矿坝的排渗体淤堵通常可能发生在排水管口以及多孔介质中，当淤堵发生时，通常表现为坝体多孔介质的渗透系数不断降低，导致其性能发生改变。淤堵轻微时，引起渗透系数降低；淤堵严重时，渗透系数严重降低，渗透体完全失效，坝体浸润线升高，导致流土甚至溃坝，产生严重的泥石流，破坏生态环境。

5.1.1　淤堵现象试验研究

张爱军等[86]（2001）通过对栗西尾矿坝采用的软式透水管进行反滤、淤堵性能试验，确定该管侧壁滤布对尾矿砂的反滤和淤堵特性，并对其用于尾矿坝坝体排水的可行性进行了评价。

Fuchs 等[87]（2004）采用不同尺寸的试验柱，用不同种类的废水从柱顶注入，让渗透水通过柱体，来研究非饱和孔隙土壤在污水渗透下的生物降解和生物淤堵。通过试验发现，颗粒物沉积及微生物增长对减少介质孔隙度和渗透系数都有影响。

Rinck - Pfeiffer 等[88]（2000）在南澳大利亚循环水含水层储存和修复区在现场研究开始前，采用试验柱研究和预测钻孔的淤堵。

5.1.2　淤堵现象现场研究

5.1.2.1　水利工程中排水减压井的淤堵现象

排水减压井系统是降低大坝渗透水压力、保证大坝稳定的重要系统之一。在排水减压井实际运行中，井的滤层孔隙通道经常被渗流过程中携带的物质部分或全部堵塞，导致减压井发生淤堵，其结果是降低了井的减压效果，甚至完全使其失去作用。肖振舜和汪在芹[89](1994)通过对减压井淤堵物质的分析，发现淤堵物主要以氧化铁为主，其次为碳酸盐和有机质。研究发现，在一定的水文地质环境中，化学淤堵是造成减压井效能降低或失效的主要原因，氧化铁是导致化学淤堵的主要物质来源。张家发等[90](2000)通过分析险情、覆盖层条件和天然渗流场，对安庆江堤丁马段堤基进行了安全评价，从几个典型年份的测压管观测资料发现部分减压井已经发生了明显的淤堵现象。

5.1.2.2 水体系统的淤堵现象

水体系统淤堵的发生将会导致河床和河岸土壤渗透性能的降低，Schultz 和 Ruppel 等[91](2002)对美国 Sapelo 岛的 2 个地点进行了现场试验和测量，通过抽水试验和参数测定试验发现由于各种物理、化学或者生物过程引起的淤堵层。Volkenborn 等[92](2007)通过开展大规模现场试验，发现沉积物当中的细颗粒物和有机物逐渐淤堵了孔隙，导致沉积物渗透性能降低 。

5.1.2.3 土工织物淤堵现象研究

土工织物被广泛地应用于需要过滤、排水功能的土木建筑工程(如用于尾矿坝反滤层和包裹排水管的土工布)，其淤堵性能是一个重要的指标，国内外都有不少学者进行了研究。

Corcoran 和 Bhatia[93](1996)开展了对使用于美国纽约 Fresh Kills 垃圾填埋场的非织造土工织物过滤器的研究，试验表明，颗粒物质不断堵塞织物孔隙造成土工织物发生了部分淤堵，导致渗透系数降低。Palmeira 和 Gardoni [94](2002)采用不同类型的试验确定土工织物的厚度、孔隙率、渗透率、传输率、孔隙尺寸，同时也评估了土工织物初始淤堵。

崔中兴和王志刚[95](1995)进行了土工织物淤堵试验，通过实际工程分析和渗透准则分析，得出用 GR-t 和 KR-t 作为土工织物淤堵判定标准比较合理。段祥宝等[96](2000)进行了室内试验，测定了土工织物的渗透性，分析了滤层结构的淤堵。

5.1.3 淤堵的模型研究

Iliuta 和 Larachi[97](2005)将两相流水动力学与微生物淤堵时空分布及废水过滤处理过程中的细颗粒物沉淀过程相结合，基于气相和液相的体积平均的质量和动量守衡方程、固相连续性方程、污染物和氧气的运移消耗方程等建立模型。

Magnico[98](2000)采用 Lagrangian 方法研究一维均质微裂隙介质的淤堵过程，用质量守恒方程建立了半解析表达式。

5.2 尾矿坝淤堵现象现场调查

栗西尾矿坝在长期运行中已经发生了由于淤堵导致的排渗不畅现象，因此研究其淤堵机理与形成过程具有重要意义。以此为依据，对该尾矿坝进行了淤堵现象的现场调查。

5.2.1 现场调查材料与方法

于 2005 年 11 月中旬对该尾矿坝进行了现场调查，在交通洞观测到了明显的淤堵现象，如图 5-1 所示，其中图 5-1(a)、(b)分别是原施工交通洞排渗体整体淤堵现状和原施工交通洞排渗管道淤堵现状。在$2^{\#}$辐射井附近也观察到了一定程度的淤堵，如图5-2所示。

(a)原施工交通洞排渗体整体淤堵现状　(b)原施工交通洞排渗管道淤堵现状

图5-1　交通洞淤堵现状

图5-2　$2^{\#}$辐射井附近区域地表淤堵现状

5.2.1.1　样品采集

对该尾矿坝淤堵的现场调查中，固体样品采集于尾矿坝坝体和排水管。采集前先采用小木铲挖一个10 cm×10 cm深20 cm左右的小坑，然后用木勺采集尾矿砂。由于淤堵样品（主要分布于排水管口处）呈泥状，保存方法与固体样品稍有不同，用木勺直接从管口处采集后保存于PVC瓶中。包括2个呈泥状的淤堵样品在内，共采集了6个固体样品，其编号分别为$S_1 \sim S_6$。其中S_1采集于沉积滩；S_2和S_3采集于$2^{\#}$辐射井附近的尾矿坝体；S_4和S_5则为淤堵样品，分别采集于$2^{\#}$辐射井排水管处和交通洞中；S_6是将与S_1相同采样点处采集到的尾矿浆进行离心分离后得到的。固体样品和淤堵样品采集后，尽快送回实验室，在室温条件下风干，然后用玛瑙研钵研磨过筛（筛孔尺寸0.074 mm），进行分析。

5.2.1.2　样品分析

采用电感耦合等离子发射光谱仪（ICP－AES）测定固体样品和淤堵样品各元素的含量，固体样品和淤堵样品的物性特征采用X射线粉末衍射技术（XRD）进行分析，淤堵样品表面形态特征采用场发射扫描电子显微镜（SEM）表征。

5.2.2　淤堵物的化学组分

利用ICP－AES对6个淤堵物样品进行样品分析，结果见表5-1。

表 5-1　固体淤堵物样品的元素组成　(%)

元素	S_1	S_2	S_3	S_4	S_5	S_6
Ca	2. 379	0. 494 5	0. 598 7	0. 941 6	1. 98	2. 916
Cu	0. 015	0. 020 1	0. 015 3	—	0. 005 4	0. 015 8
Fe	4. 724	17. 72	13. 84	54. 35	40. 24	6. 121
Mg	1. 548	0. 983 8	0. 367 6	0. 049 3	0. 561 4	1. 981
Mn	0. 144 6	0. 064 5	0. 041 9	0. 233 5	0. 319 5	0. 179
Mo	0. 057	0. 070 8	0. 100 4	0. 576 2	0. 165 4	0. 023 3
Ti	0. 291 4	0. 311 7	0. 362 1	—	0. 081	0. 368 2
Zn	0. 028 4	0. 016 1	0. 009 2	0. 049	0. 030 8	0. 031 1

注:"—"代表未检出。

如图 5-3 所示,通过 XRD 分析得到的 S_4 和 S_5 淤堵物样品的谱曲线。图 5-3(a)显示了 S_4 样中以 $\alpha-FeOOH$ 和 $Fe(OH)_3$ 为主,图 5-3(b)显示了 S_5 样中以 $\beta-FeOOH$ 和 $\alpha-Fe_2O_3$ 为主。可以推测,淤堵物中以 $Fe(OH)_3$ 为主,$\beta-FeOOH$、$\alpha-Fe_2O_3$、$\alpha-FeOOH$ 是由 $Fe(OH)_3$ 转化而成的。

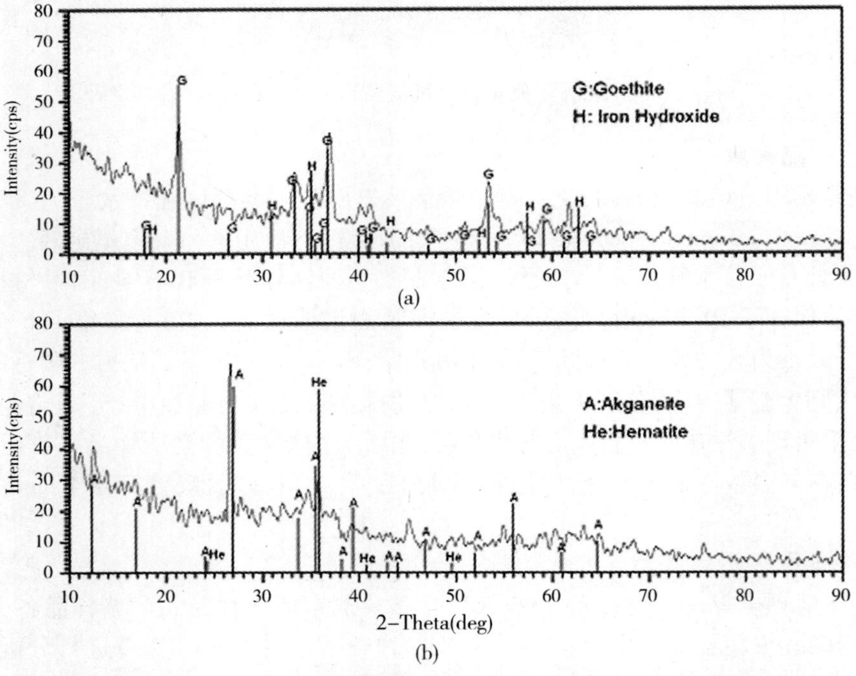

图 5-3　XRD 分析尾矿淤堵物(S_4 和 S_5 样品)中铁的谱系图

淤堵样品 S_1 和 S_6 有同样的 XRD 谱,所以选 S_1 样品的谱图作为代表。图 5-4 显示 S_1 和 S_2 样品中只有 $\alpha-FeOOH$,这个暗示了坝体中铁的化合物形式以 FeOOH 为主。图 5-5

显示，在 S_3 样品中有 $\alpha-Fe_2O_3$ 检出。

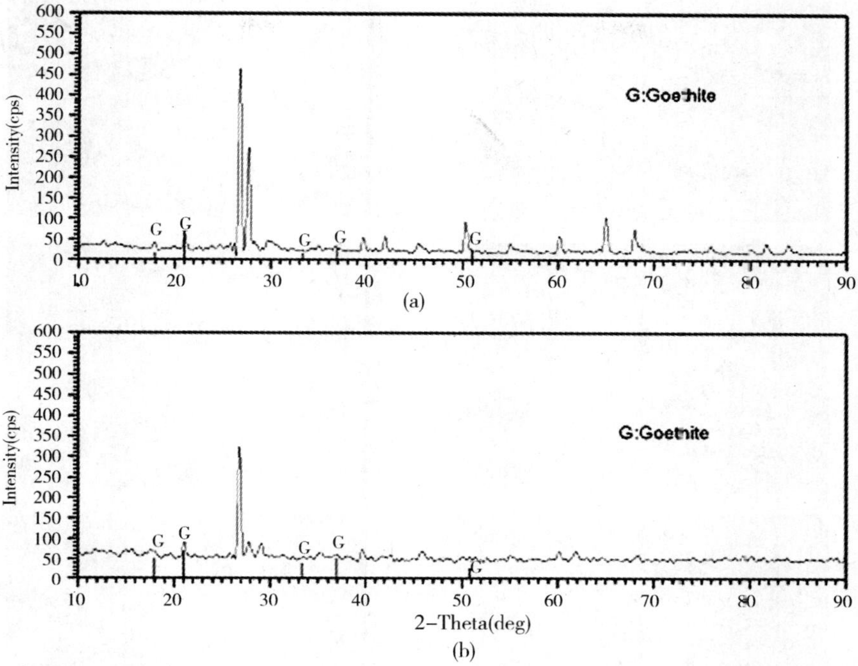

图 5-4　XRD 分析尾矿淤堵物（S_1 和 S_2 样品）中铁的谱系图

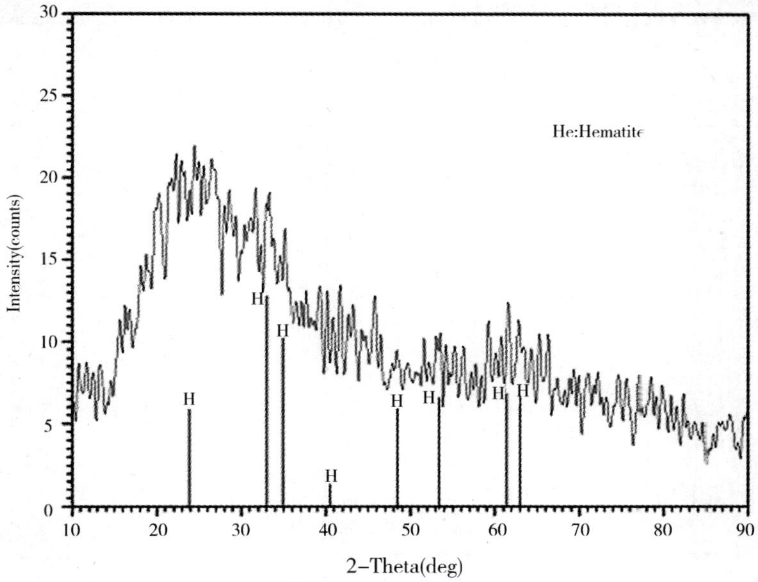

图 5-5　XRD 分析尾矿淤堵物（S_3 样品）中铁的谱系图

运用扫描电子显微镜（SEM）进行了淤堵物样品的微结构分析，图 5-6 和图 5-7 显示现场淤堵物样品 S_4 和实验室淤堵样品 SEM 微结构图像，反映了不同尺度条件下淤堵物样品的微结构特点。

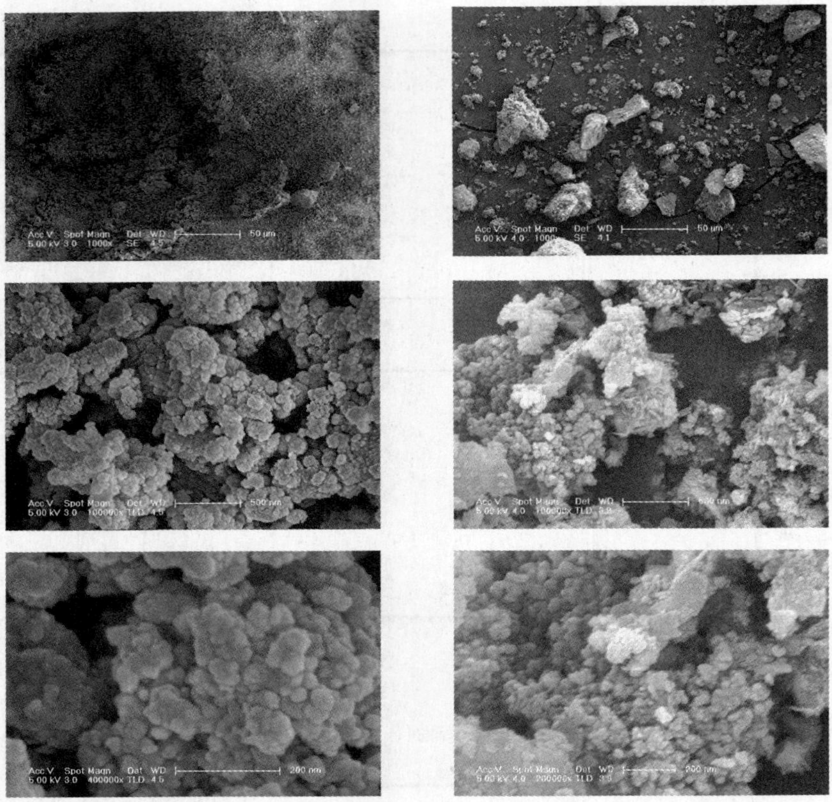

图 5-6　淤堵物 S_4 样品的 SEM 微结构图像

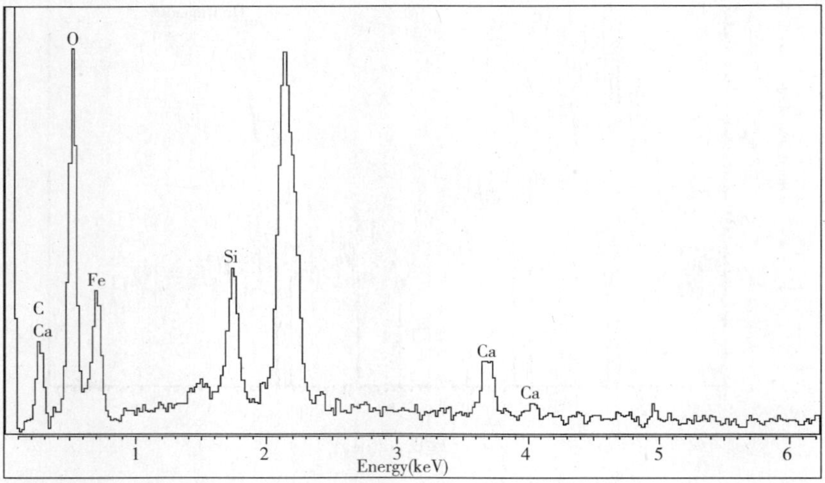

图 5-7　实验室淤堵物样品的微结构

用 EDS 分析了 S_4 淤堵物样品表面上的化学组成，如表 5-2 和图 5-8 所示。结果显示，这些淤堵物样品中铁元素第一(49. 67%)，氧元素第二(28. 81%)。

表 5-2　EDS 分析尾矿坝中淤堵物样品的组成(S_4 样品)

元素	质量百分比(%)	元素	质量百分比(%)
C	15.37	Ca	2.21
O	28.81	Fe	49.67
Si	3.93		

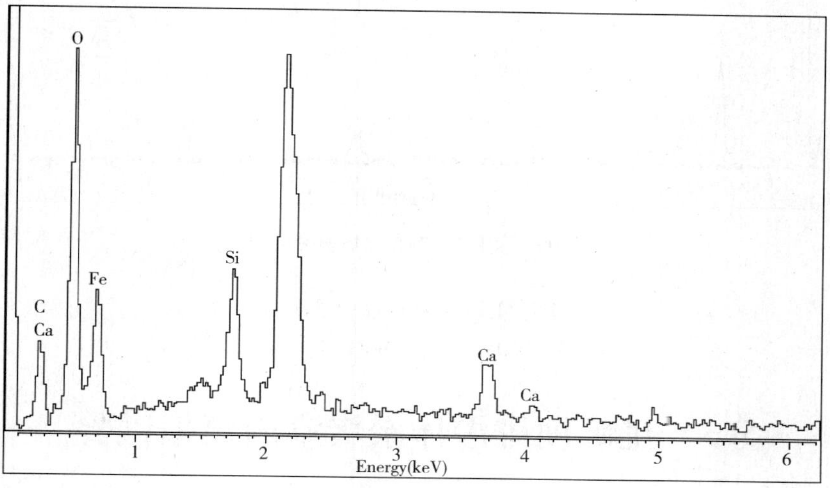

图 5-8　S_4 样品 EDS 分析结果

用 EDS 分析了实验室淤堵物样品表面上的化学组成,如表 5-3 和图 5-9 所示。结果显示,这些淤堵物样品中铁元素第一(47.61%),氧元素第二(44.91%)。

表 5-3　EDS 分析实验室淤堵物样品的组成

元素	质量百分比(%)	元素	质量百分比(%)
O	44.91	Fe	47.61
Si	7.48		

5.2.3　尾矿坝排渗体的淤堵机理

通过尾矿坝排渗体淤堵物的组分分析,铁元素含量大于 40%,同时对铁的化合物组分分析显示,尾矿坝淤堵物主要是 $Fe(OH)_3$,还有 $Fe(OH)_3$ 的转化物质 $\alpha-FeOOH$、$\beta-FeOOH$ 以及 $\alpha-Fe_2O_3$。在坝体内,由于处于还原环境,水中铁的形式主要为二价铁离子,这可以从坝体中部辐射井的水样可以检测出。在高的 pH 值(6.8~7.5)下,有溶解氧存在二价铁离子转化为三价铁离子,出现沉淀,从而形成淤堵现象,其化学过程为

$$2Fe^{2+}+\frac{1}{2}O_2+2H^{+}\rightarrow 2Fe^{3+}+H_2O$$

$$Fe^{3+}+3OH^{-}\rightleftharpoons Fe(OH)_3$$

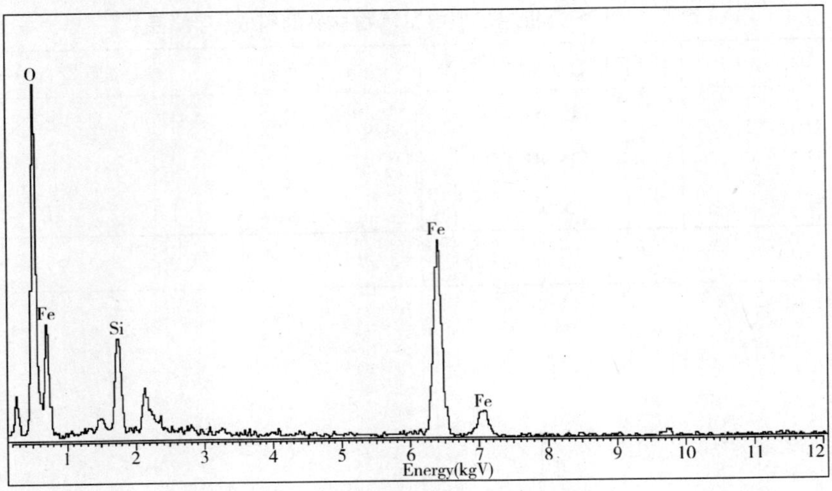

图 5-9 实验室样品 EDS 分析结果

$$2Fe(OH)_3 \rightarrow Fe_2O_3 + 3H_2O$$

$$Fe(OH)_3 \rightarrow FeOOH + H_2O$$

5.3 尾矿坝排渗体淤堵室内模拟试验

尾矿坝排渗体淤堵是造成坝体内浸润线升高，进而造成坝体垮塌的重要原因，因此研究排渗体淤堵的形成条件、过程以及所造成的影响，就显得极为重要。

首先通过在室内用柱试验来尝试模拟淤堵现象发生的方法，研究化学淤堵产生的条件、过程，并用渗透系数的变化来表示淤堵现象的发生，揭示淤堵形成与 pH 值、亚铁浓度等条件之间的关系，为控制淤堵产生，进而减少尾矿坝安全事故提供有力依据。

5.3.1 室内柱试验

5.3.1.1 试验内容

栗西尾矿坝的排渗管道中形成的淤堵物质，其主要成分是渗滤液中含有的铁元素，在经过一系列反应后形成的 $Fe(OH)_3$凝胶，因此选用与现场条件相似的石英砂填充试验柱，并均匀捣实，用输液泵以约 0.75 mL/min 的流量向试验柱中加入含亚铁离子的溶液，尝试在实验室内重现淤堵现象，以渗透系数的变化来表示淤堵现象的发生，并对淤堵的机理进行初步研究。柱试验装置见图 5-10。

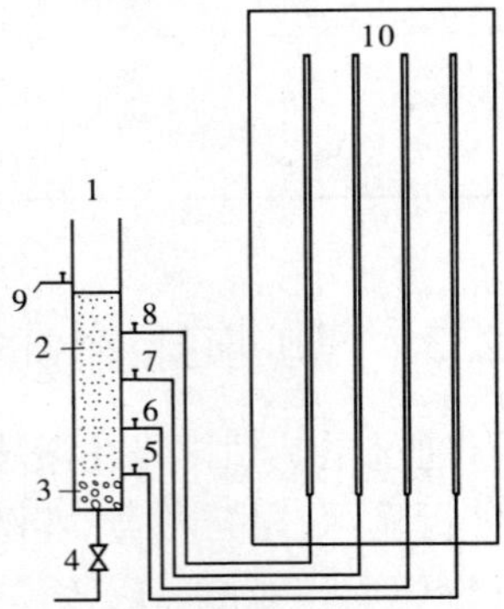

1—试验柱；2—填料；3—承托层；4—进水口；5—1 号口；6—2 号口；7—3 号口；8—4 号口；9—出水口；10—测压管

图 5-10 柱试验装置

每两根测压管垂向距离 $\Delta x = 20$ cm，试验柱内径 $d = 5$ cm，采用上流式流动方式，本试验选用 $Fe(SO_4) \cdot 7H_2O$，配制成亚铁的初始浓度为 100 mg/L 的溶液。渗透系数由下式求得

$$v = \frac{Q}{At} = K \cdot \frac{\Delta h}{\Delta x}$$

即

$$K = \frac{Q}{At} \cdot \frac{\Delta x}{\Delta h}$$

5.3.1.2　试验数据记录与分析

在试验中，共测定了溶液的亚铁浓度、总铁浓度、温度、pH 值、ORP、电导率 cond，以及总溶解固体 *TDS* 等参数，如表 5-4 ~ 表 5-8 所示。

从表 5-4 ~ 表 5-8 中的数据我们可以发现，试验柱溶液饱和后，其亚铁和总铁浓度基本保持恒定，这是因为试验过程中始终保持恒定流量地向试验柱中加入溶液，使因反应消耗的铁得到及时补充，而 pH 值发生了很明显的下降，经过查阅文献，了解到 pH 值受到亚铁氧化和铁形成絮凝沉淀两个过程的共同影响，而在这两个过程中，形成铁的絮凝沉淀的过程对 pH 值影响更大，生成了更多的 H^+。因此，观察到的情况就是 pH 值的下降。

表 5-4　试验柱进水口数据(初始[Fe^{2+}] = 100 mg/L)

日期	[Fe^{2+}](mg/L)	[Fe_{tot}](mg/L)	温度(℃)	pH	ORP(mv)	电导率(μS)	*TDS*(ppm)
2006-03-12	87	103	10.7	4.3	220	387.6	265.3
2006-03-13	102						
2006-03-15	95	104					
2006-03-16	98	101					
2006-03-17 9:00	90	96					
2006-03-17 14:30	95.5	105					
2006-03-18	92	99	14.7	4.09	241	391.5	266.3
2006-03-19	98.5	105	13.2	4.08	241	395.2	269.7
2006-03-20	105	106	14	4.06	258	395.5	269.7

表 5-5　试验柱 2 号口数据(初始[Fe^{2+}] = 100 mg/L)

日期	[Fe^{2+}](mg/L)	[Fe_{tot}](mg/L)	温度(℃)	pH	ORP(mv)	电导率(μS)	*TDS*(ppm)
2006-03-14	99.5	101	10.6	5.23	152	366.4	249.8
2006-03-16	96	96.5	13.2	4.77	180	368.8	250.3
2006-03-18	100	100	16.7	4.61	198	373.6	252.2
2006-03-20	93	99.5	14.1	4.42	207	381.6	259.5

表 5-6　试验柱 3 号口数据(初始[Fe^{2+}] = 100 mg/L)

日期	[Fe^{2+}](mg/L)	[Fe_{tot}](mg/L)	温度(℃)	pH	ORP(mv)	电导率(μS)	*TDS*(ppm)
2006-03-14	96.5	97.5	10.4	5.38	124	362.0	246.5
2006-03-16	97	101	12.2	4.95	160	370.6	251.9
2006-03-18	97.5	98.5	16.2	4.79	173	368.0	248.4
2006-03-20	104.5	106	14.2	4.78	183	371.7	252.1

表 5-7 试验柱 4 号口数据(初始[Fe^{2+}] = 100 mg/L)

日期	[Fe^{2+}](mg/L)	[Fe_{tot}](mg/L)	温度(℃)	pH	ORP(mv)	电导率(μS)	*TDS*(ppm)
2006-03-14	91.5	93.5	10.8	5.40	119	376.3	256.2
2006-03-16	95.5	96.5	12.1	5.12	140	368.7	250.4
2006-03-18	91	99.5	16.5	4.93	158	371.4	250.6
2006-03-20	98.5	100	15.2	4.82	176	368.9	249.5

表 5-8 试验柱出水口数据(初始[Fe^{2+}] = 100 mg/L)

日期	[Fe^{2+}](mg/L)	[Fe_{tot}](mg/L)	DO(mg/L)	温度(℃)	pH	ORP(mv)	电导率(μS)	*TDS*(ppm)
2006-03-12	6.2	18.5		10.2	6.88	103	539.7	373.8
2006-03-13	64	79		9.57	6.12	71	371.7	254.1
2006-03-14	88.5	89	8.05	11.1	5.41	114	385.1	263.5
2006-03-15	77.5	93	7.99	10.1	5.35	132	367.8	251.0
2006-03-16	92.5	96.5	8.02	12.5	5.05	164	407.3	279.3
2006-03-17	95.5	97	6.2	11.3	5.25	128	367.4	250.4
2006-03-18	91	104	4.92	15.6	5.13	139	378.0	255.9
2006-03-19	97	98.5	5.05	13.9	5.08	150	373.0	252.7
2006-03-20	94.5	95	7.44	13.6	4.94	172	368.5	248.3
2006-03-21	96.5	98	7.62	13.2	4.89	169	370.5	251.9

以上数据仅体现了试验柱中溶液的一些性质,而关键能够说明淤堵现象发生的,还是试验柱中渗透系数 K 的变化。

图 5-11 所示几张照片是柱试验进行过程当中拍摄的。

由于国内以及国际上对此方面的研究都不是很多,因此无法准确地预先判断化学淤堵物质的产生,进而预测淤堵需要的时间。虽然如此,试验开始两天后,试验柱内即产生黄色沉淀的淤堵物质。

图 5-11 中 4 张照片分别是在 2006 年 3 月 13 日、3 月 15 日、3 月 16 日和 3 月 19 日拍摄的,从这四张照片中可以清晰地观察到试验柱发生的淤堵现象。

淤堵物质基本上都出现在试验柱最上层,因为在试验柱柱体中,由于氧的缺乏,使亚铁基本没有被氧化,而当溶液穿过试验柱达到最上层时,由于溶液与空气中的氧得到较充分的接触,进而溶液中的亚铁离子被氧化,形成黄色的以 $Fe(OH)_3$ 为主要成分的淤堵物质。由于淤堵物质均产生于试验柱上层,因此从图 5-12 的试验柱各段渗透系数变化中,我们可以发现试验柱下段的渗透系数 K_1、K_2 和 K_3 的变化基本都不大,而产生淤堵物质的最上层的渗透系数 K_4 则基本呈下降的趋势,总渗透系数 K 的变化则与 K_4 呈现一定程度

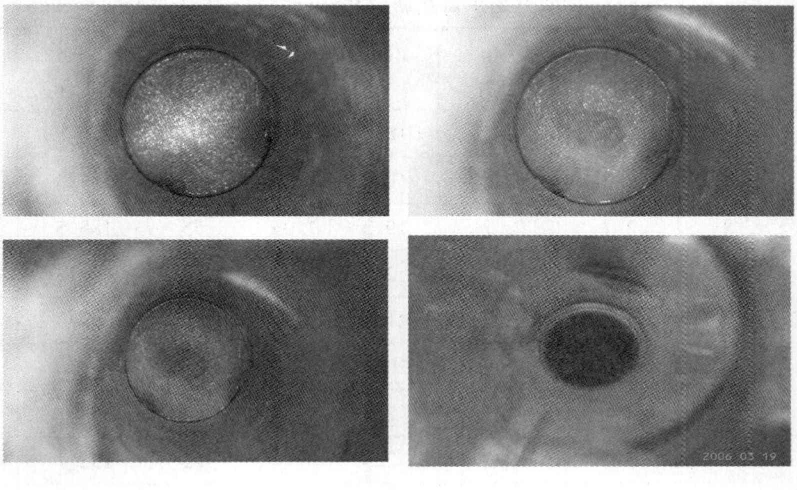

图 5-11　实验室化学淤堵现象照片

的相似,也基本呈逐渐下降的趋势。由渗透系数的变化可以得出,在淤堵模拟试验过程中,试验柱内生成了沉淀物质,出现了淤堵现象。

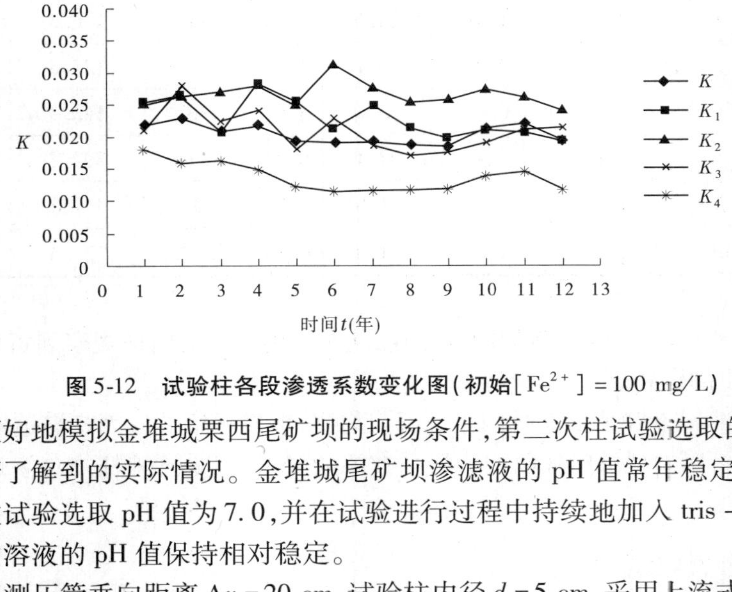

图 5-12　试验柱各段渗透系数变化图(初始[Fe^{2+}] = 100 mg/L)

为了更好地模拟金堆城栗西尾矿坝的现场条件,第二次柱试验选取的条件更加符合现场调查所了解到的实际情况。金堆城尾矿坝渗滤液的 pH 值常年稳定在 7.0 左右,因此第二次柱试验选取 pH 值为 7.0,并在试验进行过程中持续地加入 tris – HCl 缓冲溶液,使试验柱中溶液的 pH 值保持相对稳定。

每两根测压管垂向距离 $\Delta x = 20$ cm,试验柱内径 $d = 5$ cm,采用上流式流动方式,本试验选用 $Fe(SO_4) \cdot 7H_2O$,配制成亚铁的初始浓度为 10 mg/L 的溶液,并同样以约 0.75 mL/min 的流量向试验柱中加入溶液。试验柱出水口数据见表 5-9。

由表 5-9 中数据可以发现,为了更好地模拟现场环境而加入的 tris – HCl 缓冲溶液起到了良好的效果,溶液 pH 值在整个试验过程中,基本保持在 7.0 左右,而不同于之前没有加入 tris – HCl 缓冲溶液时试验所表现出的 pH 值持续下降的情况。

表 5-9　试验柱出水口数据(初始[Fe^{2+}] = 10 mg/L)

日期	[Fe^{2+}] (mg/L)	[Fe_{tot}] (mg/L)	[Fe_m] (mg/L)	温度 (℃)	pH	ORP (mv)	电导率 (μS)	*TDS* (ppm)
2006-05-18	1.4	1.5	1.5	18.6	7.49	98	756.5	520.4
2006-05-19	1.4	2.3	2.3	19.8	7.3	−16	138.5	88.36
2006-05-20	1.8	2.7	2.7	19.3	7.05	−55	185.5	119.2
2006-05-21	1.1	7.2	6.7	24	7.43	−13	61.29	38.91
2006-05-22	1.6	4.5	3.2	21.5	7.39	34	69.38	44.28
2006-05-23	0.7	1.9	1.9	20.7	7.45	69	714	484.9
2006-05-24	0.8	2.3	2.1	23	7.39	−47	399.7	266.2
2006-05-25	1.3	5.2	4.9	22	7.14	−11	152.1	96.73
2006-05-26	0.4	2.7	0.7	20.8	7.24	−64	301.5	198.1
2006-05-27	0.4	19	0.4	23.3	7.3	−63	315.3	207
2006-05-28	0.2	1.2	1.2	23.1	7.51	−4	1 508	1 060
2006-05-29	0.8	2.3	2.2	24.1	7.5	−32	145.7	92.39
2006-05-30	1.3	2.2	1.4	24.6	7.45	−13	176.3	112.2
2006-05-31	0.6	3.3	2.4	25.1	7.54	14	127.8	80.98
2006-06-01	0.1	0.4	0.4	21	6.87	13	142.3	90.58
2006-06-02	0.5	2.7	2.7	23.1	6.92	−16	392.7	261.3
2006-06-03	0.2	1.3	1.3	21.8	7.75	5	1 450	1 018
2006-06-04	1.15	1.8	1.8	21.8	6.94	−13	231.6	150.6

图 5-13 是一组试验柱在运行期间的照片,从照片中可以清晰地观察到黄色沉淀的产生,以及淤堵产生的位置。

通过室内模拟试验说明试验柱内生成沉淀物质,形成淤堵的原因是渗透系数 *K* 的变化,从图 5-14 中可以发现虽然各段的渗透系数波动较大,但是试验柱的总渗透系数基本呈现下降的趋势。

5.3.2　亚铁的氧化试验

5.3.2.1　试验目的与意义

由于该尾矿坝发生化学淤堵的主要原因是形成了铁的沉淀,而沉淀中的铁是由坝体渗滤液中的亚铁氧化而来的,因此进行了亚铁在不同条件下氧化的一系列试验。通过试验,得出亚铁在不同条件下的氧化速率等数据,为该尾矿坝控制亚铁的氧化,并最终防止化学淤堵的产生提供了科学依据。

(a)摄于2006年5月17日

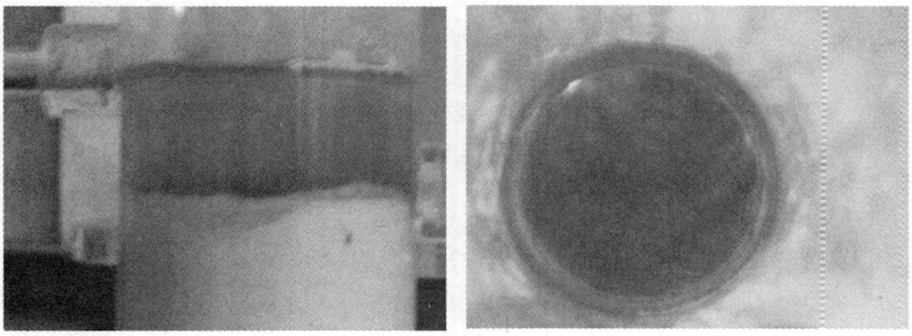

(b)摄于2006年5月22日

(c)摄于2006年5月30日

(d)摄于2006年6月4日

图 5-13　实验室化学淤堵现象照片

5.3.2.2　试验内容

尾矿坝等实际环境中的亚铁氧化，是一个非常复杂的过程，但是基本的反应就是亚铁离子在 H^+ 存在的情况下，与氧作用生成铁离子和水的过程。亚铁氧化时，氧作为电子接受体，反应如下

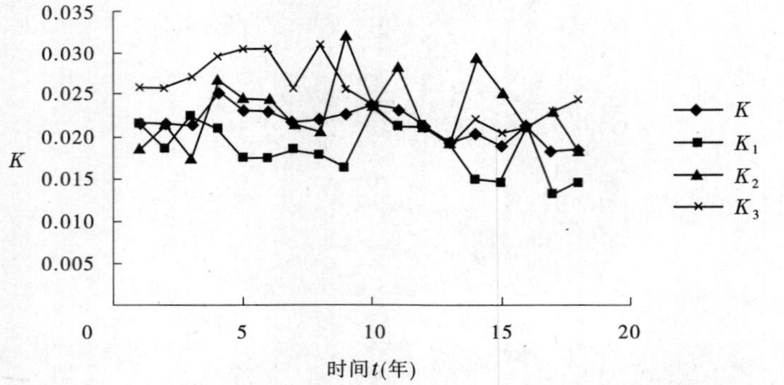

图 5-14　试验柱各段渗透系数变化图(初始[Fe^{2+}] = 10 mg/L)

$$Fe^{2+} + \frac{1}{4}O_2 + H^+ \longrightarrow Fe^{3+} + \frac{1}{2}H_2O$$

亚铁氧化试验装置见图 5-15。试验步骤为:

(1)先向反应容器中加入 1 L 蒸馏水,并用高纯度的曝氮气除去氧,试验过程中始终保持反应温度为 25 ℃。

(2)在溶解氧低于 0.3 mg/L 之后,称量 0.049 6 g $FeSO_4 \cdot 7H_2O$,并加入反应容器中,使初始 Fe^{2+} 浓度达到 10 mg/L 左右。

(3)加入 tris - HCl 缓冲溶液,调节所需 pH 值。

(4)由曝氮气改为不曝气或者以 1.0 L/min 的流量曝空气。

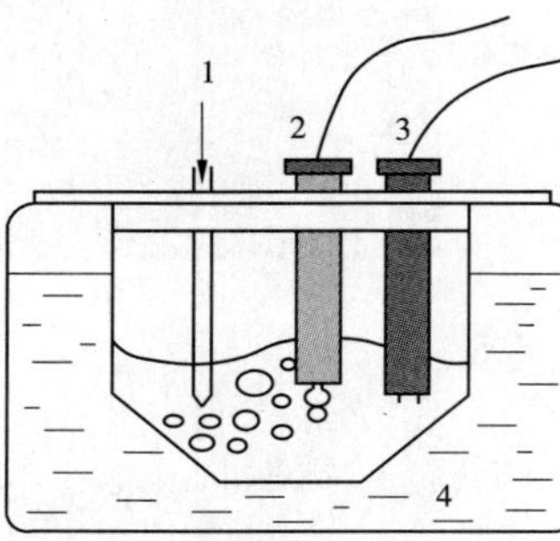

1—空气与 N_2 曝气口;2—溶氧仪;3—pH 计;4—恒温水浴

图 5-15　亚铁氧化试验装置

(5)此后每隔一定时间测定溶液的 pH 值、ORP、DO、亚铁浓度和总铁浓度的数据。

5.3.2.3　试验数据记录与分析

因为每次溶液的配制存在误差,所以最后作图时,对亚铁、总铁以及可过滤性铁的浓度进行归一化处理,以更好地体现在不同条件下的亚铁氧化现象。可过滤性铁是指能通过 0.45 mm 滤膜的总铁含量。亚铁氧化试验数据见表 5-10。

通过对该尾矿坝的现场调查发现,尾矿坝渗滤液的 pH 值约为 7.0,所以试验首先取 pH 值为 7.0 作为试验背景 pH 值。

因为在反应溶液中加入了 tris - HCl 缓冲溶液,所以试验过程中的 pH 值基本保持在 7.0 左右。在整个试验过程中,观察反应容器中溶液的颜色变化,发现溶液由开始时的无色透明逐渐变成黄色,由浅及深,并有少量黄色絮凝沉淀出现,经过简单的分析,这种黄色絮凝沉淀物质的主要成分极有可能就是 $Fe(OH)_3$,说明亚铁离子在这个条件下发生了氧化反应,生成了铁离子,进而形成氢氧化铁的絮凝沉淀。由测定而得出的数据也证明了这个分析结果,亚铁浓度不断下降,而总铁以及可过滤性铁的浓度只有很少程度的减小。总铁以及可过滤性铁的浓度减小,其原因是生成了铁的沉淀,此现象在试验过程中,能够观察到。亚铁和总铁的深度变化如图 5-16 所示。

表 5-10　亚铁氧化试验数据(空气曝气量 $Q = 1.0$ L/min　初始[Fe^{2+}] = 10 mg/L)

时间(min)	pH	ORP(mv)	DO(mg/L)	[Fe^{2+}](mg/L)	[Fe_{tot}](mg/L)	[Fe_m](mg/L)
0	7.00	-64	0.30	11.6	12.6	
1	7.01	-50	4.61	11.6	12.6	11.6
2	7.00	-48	6.36	11.4	12.2	12.2
3	7.00	-46	7.19	11.4	12.1	12.0
4	7.00	-46	7.57	11.5	12.7	11.5
5	7.00	-45	7.77	11.4	12.1	10.9
7	7.00	-44	7.74	11.0	11.4	11.2
10	7.01	-43	7.82	10.8	11.7	10.9
15	7.00	-51	7.92	10.5	11.6	11.2
20	7.00	-47	7.98	10.1	11.5	11.1
30	7.00	-48	7.99	9.6	11.6	10.9
40	6.99	-54	7.94	8.9	11.2	11.0
60	7.00	-51	7.91	7.1	11.0	10.8
80	6.98	-56	7.99	6.2	11.1	11.0
100	6.98	-40	7.93	5.6	11.2	11.0
120	7.00	-45	7.93	4.9	10.7	10.7
150	6.98	-52	7.77	4.3	10.4	10.4
180	7.01	-47	7.84	3.4	10.2	10.2
240	6.94	-55	7.82	2.6	10.1	10.1
300	6.92	-22	7.80	1.6	10.0	10.0

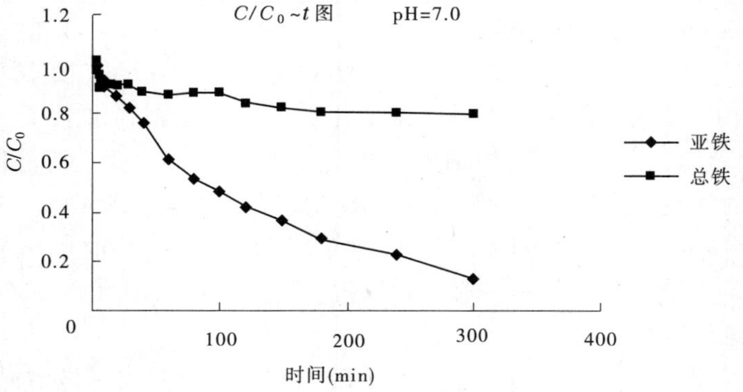

图 5-16　亚铁和总铁的浓度变化示意图(pH = 7.0)

从图 5-16 中,我们可以发现,亚铁浓度明显下降,并且在反应刚开始时,浓度下降比较快,即亚铁的氧化速率比较大,之后,浓度曲线逐渐趋缓,即亚铁的氧化速率逐渐变小。经分析,其原因可能是亚铁的氧化过程进行一段时间后,溶液中的亚铁浓度已经有比较明显的降低,因此亚铁浓度的变小引起亚铁氧化速率的减小。亚铁氧化试验数据见表5-11。

表5-11　亚铁氧化试验数据(空气曝气量 $Q=1.0$ L/min　初始[Fe^{2+}]=10 mg/L)

时间(min)	pH	ORP(mv)	DO(mg/L)	[Fe^{2+}](mg/L)	[Fe_{tot}](mg/L)
0	6.58	-52	0.35	10.6	10.7
1	6.58	-35	3.44	10.3	10.7
3	6.58	-24	6.66	10.3	10.9
5	6.58	-20	7.48	10.3	10.3
7	6.58	-17	7.48	10.3	10.6
10	6.59	-14	7.57	10.2	10.9
15	6.58	-9	7.56	10.2	10.2
20	6.59	-8	7.52	10.1	10.4
30	6.59	-3	7.52	10.0	10.3
40	6.60	2	7.49	9.9	10.2
60	6.58	-11	7.40	9.8	10.0
80	6.58	-10	7.19	9.7	10.0
100	6.58	-14	7.00	9.6	10.4
120	6.57	-3	7.03	9.5	10.2
150	6.58	2	7.05	9.2	9.5
180	6.59	-7	7.02	9.0	9.7
240	6.58	-11	7.25	8.8	9.8
300	6.51	-1	6.83	8.6	9.7

在温度、空气曝气量、初始亚铁浓度等条件不变的情况下,第二组试验调整了反应条件中的pH值,由原来的7.0左右调整为6.5左右。同样是因为加入了tris-HCl缓冲溶液的关系,所以整个试验过程的pH值基本保持在6.5左右不变。溶液同样在进行一段时间后开始变为浅黄色,进而由浅变深,并生成少量黄色絮凝沉淀物质。从测定结果可以看出,亚铁和总铁浓度同样是下降的趋势,但是与pH值为7.0时的试验比较就可以发现,pH值为6.5的试验条件下,亚铁的氧化速率明显较小。pH值为6.5时,亚铁和总铁的浓度变化示意如图5-17所示。

从图5-17中我们可以发现,pH值为6.5时的亚铁浓度曲线明显要比pH值为7.0时的亚铁浓度曲线平缓,即说明pH值为6.5时亚铁氧化速率较小。pH值为6.0时,亚铁氧化试验数据见表5-12,亚铁和总铁的浓度变化示意见图5-18。

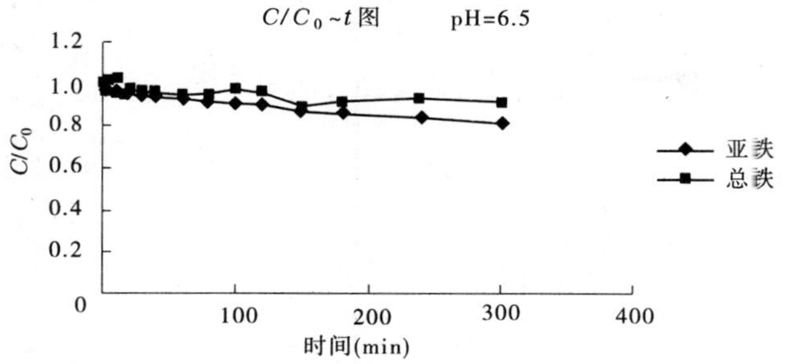

图5-17 亚铁和总铁的浓度变化示意(pH=6.5)

表5-12 亚铁氧化试验数据(空气曝气量 $Q=1.0$ L/min 初始[Fe^{2+}]=10 mg/L)

时间(min)	pH	ORP(mv)	DO(mg/L)	[Fe^{2+}](mg/L)	[Fe_{tot}](mg/L)
0	5.98	-51	0.3	10.7	11.1
1	6.00	-15	3.44	10.7	11.1
10	6.01	16	7.61	10.7	11.1
20	6.01	15	7.15	10.6	11.0
30	6.02	28	7.17	10.6	11.0
40	6.02	36	7.23	10.6	11.1
60	6.02	47	7.20	10.5	11.1
90	6.02	69	7.19	10.5	11.0
120	6.02	70	7.23	10.5	11.2
180	6.02	72	7.01	10.2	10.8
240	6.02	73	6.98	10.2	10.8
300	6.02	78	6.99	10.2	11.3
360	6.02	78	6.93	10.2	10.6
420	6.02	74	6.91	10.3	10.5
720	6.02	83	7.08	9.9	10.8

从表5-12以及图5-18中我们可以发现,pH值为6.0时的亚铁浓度曲线比pH值为6.5以及7.0时都更为平缓,说明pH值为6.0时的亚铁的氧化速率比pH值为6.5以及7.0时的亚铁氧化速率都更小,在经过长时间的反应后,亚铁浓度的变化依然非常有限。可以看到,在经过720 min,即12 h以后,亚铁浓度仍然为初始浓度的90%以上。在整个反应过程当中,溶液基本保持无色透明,在经过长时间的反应以后,才略微显出浅黄色,并且没有看到有pH值为6.5以及7.0时产生的黄色絮凝物质在pH值为5.0的溶液中出现。pH值为5.0时,亚铁氧化试验数据见表5-13,亚铁和总铁的浓度变化示意如图5-19所示。

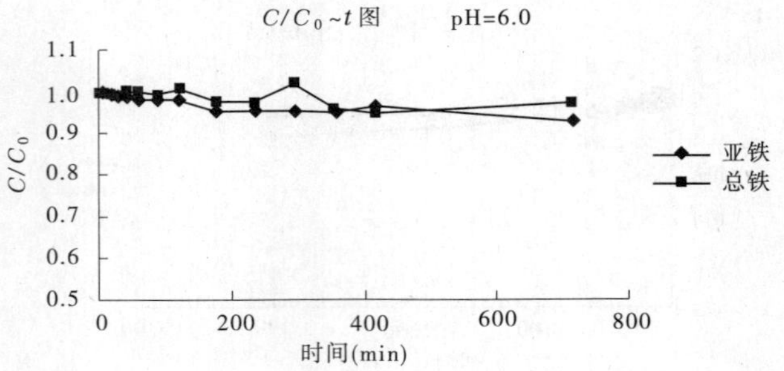

图 5-18　亚铁和总铁的浓度变化示意(pH = 6.0)

表 5-13　亚铁氧化试验数据(空气曝气量 Q = 1.0 L/min　初始[Fe^{2+}] = 10 mg/L)

时间(min)	pH	ORP(mv)	DO(mg/L)	[Fe^{2+}](mg/L)	[Fe_{tot}](mg/L)
0	5.10	231	0.31	10.2	10.5
1	5.10	212	3.49	10.2	10.6
60	5.15	214	7.22	10.2	10.5
120	5.16	195	7.04	10.2	10.4
240	5.16	−59	7.01	10.2	10.6
300	5.18	27	6.89	10.2	10.5
420	5.19	104	7.07	10.2	10.5
720	5.21	159	7.30	10.2	10.5

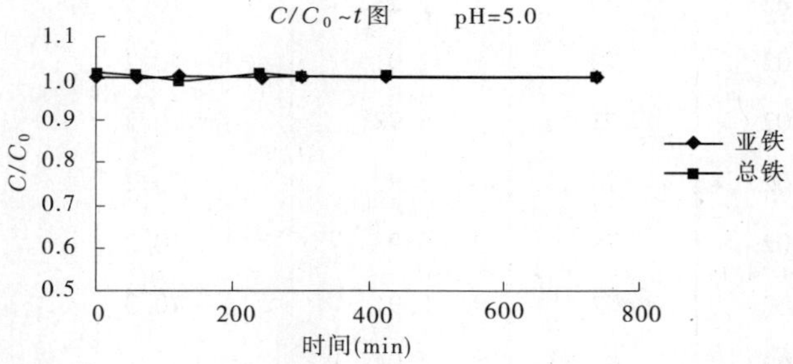

图 5-19　亚铁和总铁的浓度变化示意(pH = 5.0)

很明显,在 pH 值为 6.0 时,亚铁的氧化速率已经相当小,于是预测 pH 值为 5.0 时的亚铁氧化速率将更小,经过 720 min 的反应和取样,首先发现溶液的颜色没有变化,在对样品进行测定之后,在整整 12 h 的反应过程中,亚铁和总铁浓度几乎没有任何变化。

在进行 pH 值为 7.0、6.5、6.0 以及 5.0 各条件下的试验后,基本揭示了在此范围内,pH 值对于亚铁氧化速率的影响。为了更充分地说明 pH 值对亚铁氧化速率存在的明显影响,之后又进行了 pH 偏碱性条件下的亚铁氧化试验,该次试验取 pH 值为 7.5 左右。试验过程中发现,pH 值为 7.5 时的反应现象与 pH 值为 7.0 时的反应现象类似,同样是发现溶液由开始时的无色透明逐渐变成浅黄色,并由浅及深,还有少量黄色絮凝沉淀物质产生,而且试验现象的产生较 pH 值为 7.0 时更早更快,经过相同反应时间的溶液颜色变化也较 pH 值为 7.0 时更明显,颜色更深,黄色絮凝物质的产生也较快较多。就观察到的试验现象分析,pH 值为 7.5 时,反应的亚铁氧化速率比 pH 值为 7.0 时的反应速率更大。

pH 值为 7.5 时,亚铁氧化试验数据见表 5-14,亚铁和总铁的浓度变化示意见图 5-20。

表 5-14　亚铁氧化试验数据(空气曝气量 $Q = 1.0$ L/min　初始[Fe^{2+}] = 10 mg/L)

时间(min)	pH	ORP(mv)	DO(mg/L)	[Fe^{2+}](mg/L)	[Fe_{tot}](mg/L)
0	7.51	-161	0.28	10.7	10.9
1	7.51	-152	3.41	9.5	10.8
2	7.51	-133	4.90	7.6	10.8
3	7.52	-122	5.64	6.1	10.9
4	7.51	-116	6.03	4.9	11.0
5	7.51	-107	6.73	3.7	10.3
7	7.52	-94	6.91	2.4	10.7
10	7.52	-75	7.06	1.5	10.3
15	7.52	-46	7.11	1.5	10.6
20	7.52	-7	7.08	1.3	10.9
30	7.52	21	7.08	1.0	10.0
40	7.52	36	7.00	0.65	10.35
60	7.52	10	6.36	0.70	10.0
80	7.52	-41	6.24	1.15	10.5
100	7.52	-40	6.19	0.85	10.35
120	7.52	-38	6.58	0.40	11.0
150	7.54	-47	6.55	0.45	10.9
180	7.53	-33	6.31	0.70	11.0
240	7.54	91	5.75	0.55	11.05
300	7.53	4	5.75	0.40	10.9

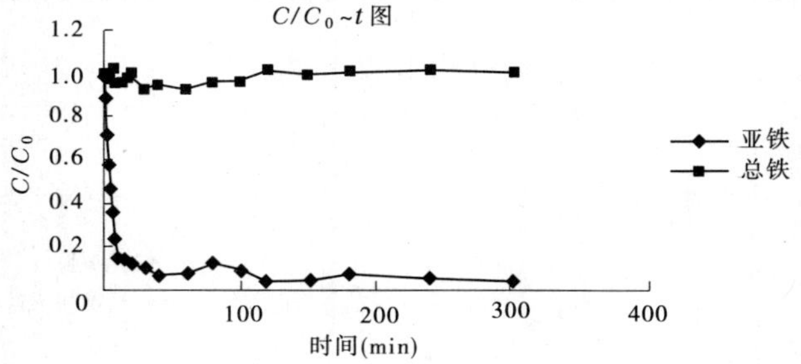

图 5-20　亚铁和总铁的浓度变化示意图(pH = 7.5)

为了比较各不同 pH 条件下的亚铁氧化速率,将 pH 值为 7.0、5.5、6.0、5.0 和 7.5 时的亚铁氧化曲线作于同一图中,如图 5-21 所示。由图 5-21 可以得出 pH 值为 5.0 ~ 7.5,

对于亚铁氧化存在明显影响的结论，且 pH 值越高，氧化速率越快。

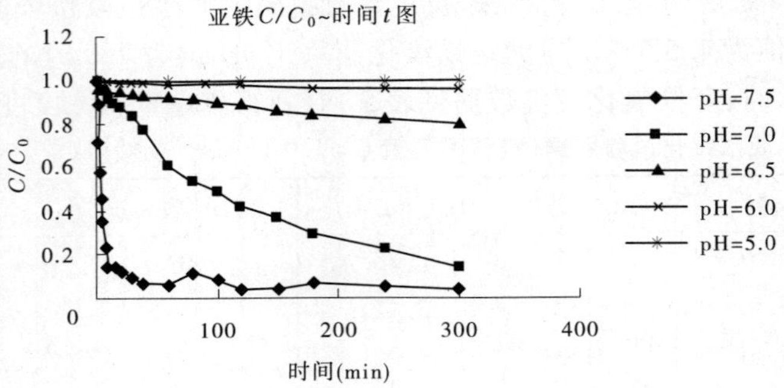

图 5-21　亚铁在不同 pH 条件下的氧化情况

根据亚铁氧化反应式，因为亚铁的氧化需要有氧的参与，因此又进行了一次没有曝气条件下的亚铁氧化试验。

pH 值为 7.0，不曝气时，亚铁氧化试验数据见表 5-15。

表 5-15　亚铁氧化试验数据（pH = 7.0，不曝气，初始 [Fe^{2+}] = 10 mg/L）

时间 (min)	[Fe^{2+}] (mg/L)	[Fe_{tot}] (mg/L)	[Fe_m] (mg/L)	时间 (min)	[Fe^{2+}] (mg/L)	[Fe_{tot}] (mg/L)	[Fe_m] (mg/L)
0	10.7	11.3		40	9.8	10.2	10.2
1	10.6	11.3		60	10.0	10.7	10.2
2	10.6	11.3		90	9.8	10.4	10.2
3	10.6	11.0		120	9.3	10.4	10.1
5	10.6	11.2		150	8.9	10.4	10.2
10	10.5	10.5		180	8.4	10.3	10.1
15	10.6	11.1	10.6	240	7.1	10.6	9.8
25	10.6	10.7	10.4	300	5.9	10.4	9.4

曝气条件对亚铁氧化速率的影响见图 5-22。

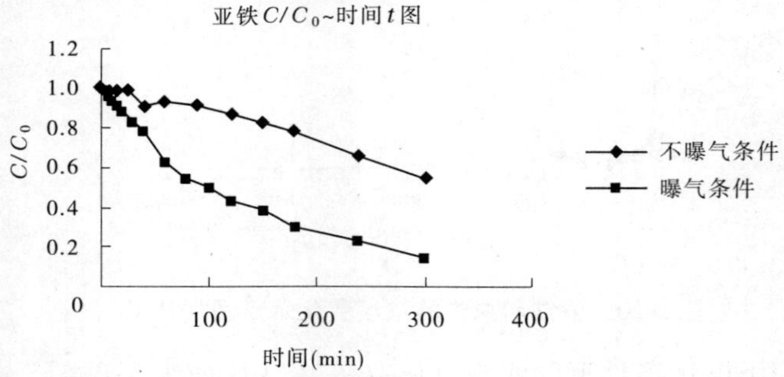

图 5-22　曝气条件对亚铁氧化速率的影响

从图 5-22 中，我们可以很明显地看到亚铁氧化速率在曝气和不曝气条件下的差异。在 1.0 L/min 的曝气条件下，反应溶液中的溶氧量快速上升，从表 5-15 中，我们就可以发现，在第 3 分钟时，溶液中的溶氧量已经达到 7 mg/L 以上。因此，在曝气条件下的亚铁氧化速率，因为有足够丰富的氧存在而明显比没有曝气时的亚铁氧化速率更大。

考虑到 pH 值和溶氧量的影响之后，又进行了一次初始亚铁浓度为 100 mg/L 的试验，用来观察和分析初始亚铁浓度不同时，亚铁氧化速率所受到的影响。试验数据如表 5-16 所示。

表 5-16　亚铁氧化试验数据（空气曝气量 $Q = 1.0$ L/min　初始[Fe^{2+}] = 100 mg/L）

时间(min)	pH	ORP(mv)	DO(mg/L)	[Fe^{2+}](mg/L)	[Fe_{tot}](mg/L)	[Fe_m](mg/L)
0	7.00	-163	0.34	98.0	104.5	
1	7.00	-133	3.64	98.0	103.0	92.0
2	7.00	-125	5.11	94.5	98.0	92.5
3	7.01	-117	5.97	93.0	96.0	90.0
4	7.01	-111	6.38	92.0	96.0	90.0
5	7.00	-105	6.47	85.5	95.5	92.5
7	6.98	-95	6.60	82.5	95.5	93.0
10	6.95	-88	6.56	76.5	95.5	95.0
15	6.93	-50	6.66	70.5	92.5	92.5
20	6.90	-78	6.50	63.0	91.5	91.5
30	6.83	-33	6.39	51.5	94.5	94.5
40	6.77	-23	6.99	47.5	92.5	88.5
60	6.70	3	6.58	45.0	89.0	88.0
80	6.62	98	6.40	35.0	89.0	83.5
100	6.32	62	6.30	33.0	87.0	82.0
120	6.45	88	5.88	26.5	86.5	82.0
150	6.47	39	7.14	25.5	82.5	82.0
180	6.29	70	7.13	23.0	81.0	79.5
240	6.19	44	7.13	22.0	72.0	71.5
300	6.10	-15	7.13	15.0	70.0	69.0

在亚铁初始浓度为 100 mg/L 的试验过程中，其试验现象与初始浓度为 10 mg/L 时一致，但是颜色变化更早更快，数分钟后，颜色即开始变黄，约 100 min 后，溶液已经呈现深黄色，并出现较大量的絮凝沉淀物质。

亚铁和总铁浓度变化示意分别见图 5-23 和图 5-24。

图 5-23 中的两条曲线，充分说明亚铁初始浓度为 100 mg/L 时的亚铁氧化速率比亚铁初始浓度 10 mg/L 时要大，同时，我们还可以从图 5-24 中看到，亚铁初始浓度为 100

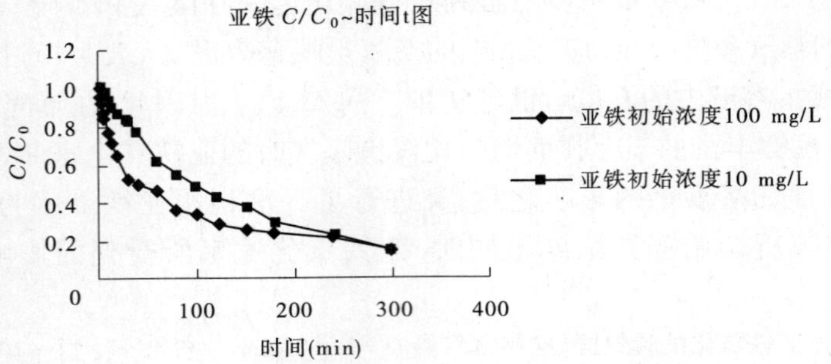

图 5-23　亚铁浓度变化时氧化速率示意(pH = 7.0)

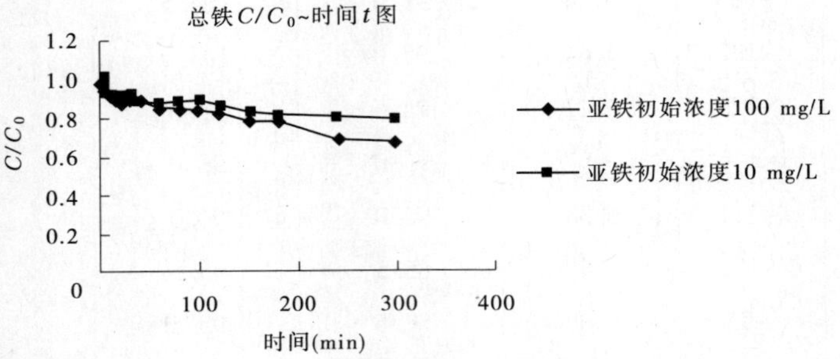

图 5-24　亚铁初始浓度变化时总铁浓度变化示意(pH = 7.0)

mg/L 时的总铁浓度变化也更大,生成了更多的絮凝沉淀物质,试验过程中所观察到的现象也证明了这一点。

5.4　多孔介质淤堵现象数学模拟

尾矿坝的淤堵涉及了渗水中亚铁离子被氧化不断形成淤堵物质,淤堵物质逐渐在多孔介质及排水管口中积累并最终导致淤堵发生的一个复杂过程。尽管排水管口淤堵物质的积累是造成尾矿坝排水淤堵发生的主要原因,但多孔介质系统内部淤堵物质的积累也不应被忽视。如果能够采用数学模型对淤堵过程进行描述,则可以获得淤堵过程中的各种信息。因此,本节主要就多孔介质淤堵现象进行数学模拟探讨。

5.4.1　多孔介质淤堵现象数学模拟理论基础

5.4.1.1　多孔介质渗流方程

描述多孔介质渗流方程[99-101]为

$$\left[\frac{\partial}{\partial x}\left(K_x\frac{\partial H}{\partial x}\right)+\frac{\partial}{\partial y}\left(K_y\frac{\partial H}{\partial y}\right)+\frac{\partial}{\partial z}\left(K_z\frac{\partial H}{\partial z}\right)\right]=\mu_s\frac{\partial H}{\partial t} \tag{5-1}$$

式中:K_x、K_y、K_z 分别为 x、y、z 方向的系数(LT^{-1});μ_s 为储水率或比储水系数(L^{-1}),且 $\mu_s=\rho_w g[(1-n)\alpha+n\beta]$;$\rho_w$ 为流体密度(ML^{-3});g 为重力加速度(LT^{-2});α 为多孔介质压缩系数(T^2LM^{-1});β 为水的压缩系数(T^2LM^{-1});n 为多孔介质孔隙率(无量纲)。

储水率表示当流体的压力水头下降(升高)一个单位时,多孔介质孔隙体积压缩(扩大)和流体体积膨胀(压缩)时,从单位多孔介质体中释放(储存)的流体的总体积。一般情况下,储水率为常数。在本研究中粉质颗粒逐渐在多孔介质上增加,这虽然导致多孔介质孔隙率和有效应力的改变,但对于储水率的影响很小,因此可认为在整个试验过程中的储水率为常数。

为计算储水率,参考文献[102,103]中的各压缩系数值,可估算出本试验中的储水率μ_s。

在一维流情况下,式(5-1)可简化为[104-106]

$$\frac{\partial}{\partial x}\left(Kx\frac{\partial H}{\partial x}\right) = \mu_s\frac{\partial H}{\partial t} \tag{5-2}$$

这就是本研究中所采用的流体在多孔介质系统内的渗流方程。

5.4.1.2　多孔介质系统溶质运移方程

当考虑对流—弥散吸附等作用的影响时,一维溶质运移方程为

$$\frac{\partial}{\partial t}(nRC) = \frac{\partial}{\partial x}\left(nD\frac{\partial C}{\partial x}\right) - \frac{\partial(nVC)}{\partial x} \tag{5-3}$$

式中:n为多孔介质系统孔隙率(无量纲);C为多孔介质中液相浓度(ML^{-3});V为平均孔隙水流速(LT^{-1}),且$V = \frac{v}{n}$,v为渗流速度;D为水动力弥散系数(L^2T^{-1});R为阻滞系数(无量纲);t为时间(T);x为距离(L)。

阻滞系数R采用下式计算

$$R = 1 + \frac{\rho}{n}(\chi) \tag{5-4}$$

式中:ρ为多孔介质干密度(ML^{-3});χ为经验阻滞函数($M^{-1}L^3$)。

5.4.2　试验材料与方法

本研究假定亚铁离子已经氧化形成氢氧化铁淤堵物质,采用数学模型模拟这种淤堵过程。本章的试验将整个淤堵过程简化,没有考虑亚铁的氧化及形成淤堵物质这一化学过程。但从数学模型角度出发,该假设则具有一定的合理性,即将一个很复杂的多过程转化为较简单的单一过程,这样的假设有助于建立比较简单的数学模型。

5.4.2.1　试验材料及其性能

本章研究中采用石英砂作为实际尾矿砂的试验替代介质,这样可避免实际的各种复杂因素对试验的干扰。但为了能较好地体现尾矿砂的物理特性,试验中采用的是与尾矿砂粒径最接近的6#石英砂。石英砂在试验前应清洗、灭菌并干燥处理。石英砂和氢氧化铁物理和水力性能见表5-17。

表5-17　石英砂和氢氧化铁物理和水力性能

样品	粒径范围(mm)	干密度(g/cm^3)	n	K(cm/s)
6#石英砂	0.10~0.20	1.529	0.414	0.021 6
氢氧化铁粉末	<0.045	0.56	0.61	0.000 018 9

5.4.2.2 确定渗透系数等物理量与浓度关系的试验方法

该试验采用定水头渗透仪（内径5 cm、可装砂层高10 cm）测定渗透系数；采用示踪试验测定弥散系数，示踪剂为NaCl。

采用不同质量百分含量的氢氧化铁和石英砂的均匀混合试样进行试验。为获得较一致的初始弥散系数，应尽量采用相同的试验柱且保证填充石英砂力度一致。因此，该试验在填充渗透仪时，6#石英砂保持恒定质量，尽量保证每次填充试验的击实力度一致。试验中采用的氢氧化铁质量百分含量（氢氧化铁的质量与氢氧化铁和石英砂的质量总和之比）分别为0、1%、2%、3%、4%、5%、10%、15%、20%。由于柱试验过程中保持石英砂质量恒定，故在配制混合试样前，先根据质量百分含量和石英砂的质量计算所需的氢氧化铁质量，然后将称取的氢氧化铁与已预先称好的石英砂混合均匀，最后仔细充填渗透仪。

由于试样的质量不断增加，且粉末状细颗粒也不断增加，将会导致渗透系数的降低以及弥散系数的变化。而同时由于试样所占据的体积保持不变，这将会导致整个混合试样密度的不断增大以及孔隙率的逐渐减小。渗透系数K、弥散系数D、密度ρ和孔隙率n的变化都与填充试样中氢氧化铁的质量有关，也即与氢氧化铁浓度有关。因此，通过试验，希望获得相关的函数关系和各经验常数值。

假定多孔介质渗透系数K与氢氧化铁悬浮液浓度C呈一定的函数关系，采用下面的函数关系

$$K = K_0 e^{-\gamma C} \tag{5-5}$$

式中：K为多孔介质渗透系数（LT^{-1}）；K_0为多孔介质初始渗透系数（LT^{-1}）；C为氢氧化铁悬浮液浓度（ML^{-3}）；γ为经验常数（$M^{-1}L^3$）。

为获得多孔介质系统的密度ρ与浓度C之间的函数关系，采用以下方程

$$\rho = \rho_0 + \eta C \tag{5-6}$$

式中：ρ为多孔介质密度（ML^{-3}）；ρ_0为多孔介质初始密度（ML^{-3}）；C为氢氧化铁悬浮液浓度（ML^{-3}）；η为经验常数（L^3L^{-3}）。

多孔介质系统的孔隙率n受氢氧化铁悬浮液浓度C的影响，为获得孔隙率n与浓度C之间的函数关系，采用以下方程

$$n = n_0 e^{-\mu C} \tag{5-7}$$

式中：n为多孔介质孔隙率（无量纲）；n_0为多孔介质初始孔隙率（无量纲）；C为氢氧化铁悬浮液浓度（ML^{-3}）；μ为经验常数（$M^{-1}L^3$）。

多孔介质弥散系数D与氢氧化铁悬浮液浓度C呈一定的函数关系，采用下面的方程表示

$$D = D_0 e^{\alpha C} \tag{5-8}$$

式中：D为多孔介质弥散系数（L^2T^{-1}）；D_0为多孔介质初始渗透系数（L^2T^{-1}）；C为氢氧化铁悬浮液浓度（ML^{-3}）；α为经验常数（$M^{-1}L^3$）。

通过试验结果，获得渗透系数K、孔隙率n、密度ρ、弥散系数D与氢氧化铁悬浮液浓度C的一系列试验值，可分别估计出参数γ、μ、η和α。

阻滞系数与浓度也呈一定的函数关系，拟采用下式表示

$$R = 1 + a\exp(bC) \tag{5-9}$$

式中：R 为阻滞系数（无量纲）；a 为经验常数（无量纲）；b 为经验常数（$M^{-1}L^3$）。

阻滞系数 R 通过实际柱试验获取的浓度值，采用程序拟合浓度不断逼近实际浓度，计算得出 R，然后根据 R 与 C 的关系即可获得 a 和 b 的值。

5.4.3　数学模拟

5.4.3.1　模拟流程

渗流方程和溶质运移方程通过渗透系数 K、孔隙率 n、密度 ρ、弥散系数 D 和阻滞系数 R 进行耦合。具体过程如下：根据渗流方程计算水头分布，从而计算得出渗流速度 v，而渗流速度 v 则与溶质运移方程的求解直接相关，通过解此方程获得相应的氢氧化铁悬浮液的浓度 C。将求得的 C 应用于式(5-5)～式(5-9)，分别获得新的渗透系数 K、密度 ρ、孔隙率 n、弥散系数 D 和阻滞系数 R。在时间步长上重复此过程，并获得最终结果。

5.4.3.2　数学模型的求解

渗流方程和溶质运移方程均为抛物线型偏微分方程（PDE），在模拟过程中将二式耦合，参看式(5-10)。

$$\left.\begin{aligned} \frac{\partial}{\partial x}\left(K_x \frac{\partial H}{\partial x}\right) &= \mu_s \frac{\partial H}{\partial t} \\ \frac{\partial}{\partial t}(nRC) &= \frac{\partial}{\partial x}\left(nD\frac{\partial C}{\partial x}\right) - \frac{\partial(vC)}{\partial x} \end{aligned}\right\} \tag{5-10}$$

式中：v 为渗流速度（LT^{-1}）。

对于方程式(5-10)中的$\frac{\partial H}{\partial t}$，采用如下差分格式

$$\frac{\partial H}{\partial t} = \frac{H_i^m - H_i^{m-1}}{\Delta t} \tag{5-11}$$

而$\frac{\partial}{\partial x}\left(K\frac{\partial H}{\partial x}\right)$差分格式如下

$$\frac{\partial}{\partial x}\left(K\frac{\partial H}{\partial x}\right) = K_{i+\frac{1}{2}}\frac{H_{i+1}^m - H_i^m}{(\Delta x)^2} - K_{i-\frac{1}{2}}\frac{H_i^m - H_{i-1}^m}{(\Delta x)^2} \tag{5-12}$$

其中

$$K_{i+\frac{1}{2}} = \frac{2K_iK_{i+1}}{K_i + K_{i+1}} \tag{5-13}$$

$$K_{i-\frac{1}{2}} = \frac{2K_iK_{i-1}}{K_i + K_{i-1}} \tag{5-14}$$

由于渗透系数与浓度成函数关系，也是一个时间空间发生变化的量，所以这里对渗透系数采用调和平均值是比较合理的。

由此，可获得渗流方程的隐式差分形式。

对于方程式(5-10)中的$\frac{\partial(nRC)}{\partial t}$，采用如下差分格式

$$\frac{\partial(nRC)}{\partial t}=\frac{n_iR_i(C_i^{m+1}-C_i^m)}{\Delta t} \tag{5-15}$$

$\frac{\partial(vC)}{\partial x}$采用如下加权差分格式

$$\frac{\partial(vC)}{\partial x}=\frac{v_i[\alpha_1C_{i+1}^m+(1-\alpha_1)C_i^m]-v_{i-1}[\alpha_1C_i^m+(1-\alpha_1)C_{i-1}^m]}{\Delta x} \tag{5-16}$$

式中：α_1 为权重因子，取值为 0 ~ 1.0。

$\frac{\partial}{\partial x}\left(nD\frac{\partial C}{\partial x}\right)$差分格式如下

$$\frac{\partial}{\partial x}\left(nD\frac{\partial C}{\partial x}\right)=\frac{1}{\Delta x}\frac{n_iD_i(C_{i+1}^m-C_i^m)-n_{i-1}D_{i-1}(C_i^m-C_{i-1}^m)}{\Delta x} \tag{5-17}$$

而渗流速度 v 计算如下

$$v_i^m=\frac{1}{2}\left[K_{i-\frac{1}{2}}\frac{(H_{i-1}^m-H_i^m)}{\Delta x}+K_{i+\frac{1}{2}}\frac{(H_i^m-H_{i+1}^m)}{\Delta x}\right] \tag{5-18}$$

通过对渗流方程和溶质运移方程的处理，并结合相应的初始条件和边界条件，就可以编制计算机程序进行耦合模拟计算。

5.4.3.3　计算模拟

选择模拟区域长度 $L=12$ cm。由于渗透系数的降低显著发生于 0 ~ 1 cm 区域内，因此，以此区域为例，说明数学模型的模拟结果。图 5-25 给出的是 0 ~ 1 cm 区域模拟计算的渗透系数与柱试验渗透系数的比较结果。

从图 5-25 中可以看出，柱试验渗透系数要比模拟计算所得的值大一些，总体看，模拟效果还是可以接受的。

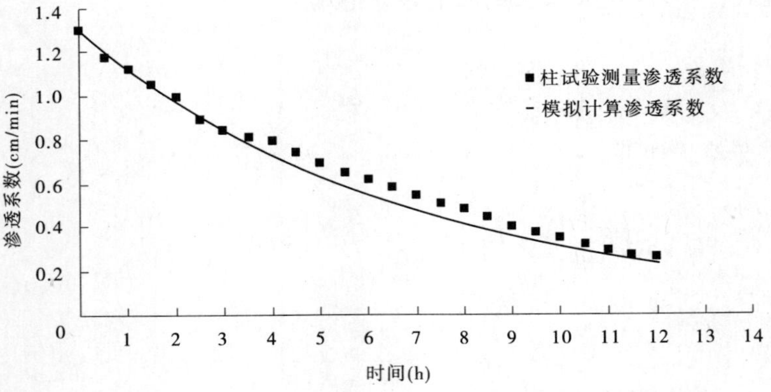

图 5-25　柱试验与模型模拟渗透系数对比(0 ~ 1 cm 区域)

根据建立的模型，可以获得试验柱多孔介质的各物理量及不同区段的氢氧化铁的浓度。图 5-26 所示为第 11 小时模拟和第 16 小时预测的各区域浓度变化，图 5-27 所示为第 11 小时模拟和第 16 小时预测的各区域渗透系数变化。

现场调查和室内试验均表明，淤堵过程是一个十分复杂的过程。尽管排水管口被淤堵物质堵塞是引起淤堵发生的主要原因，但坝体长期运行中多孔介质系统因积累少量淤

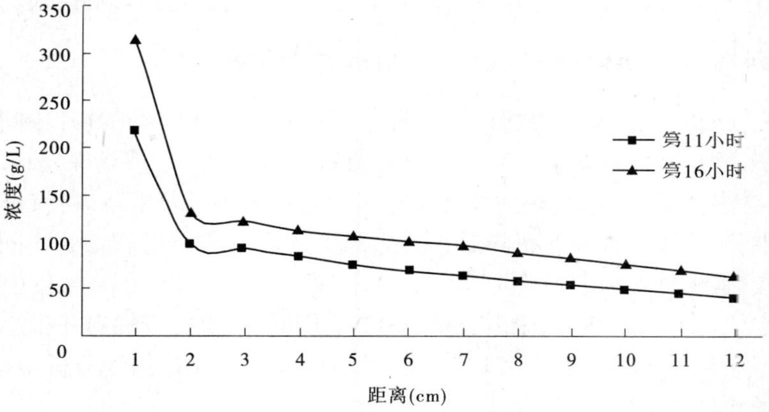

图5-26　第11小时模拟和第16小时预测的各区域浓度分布

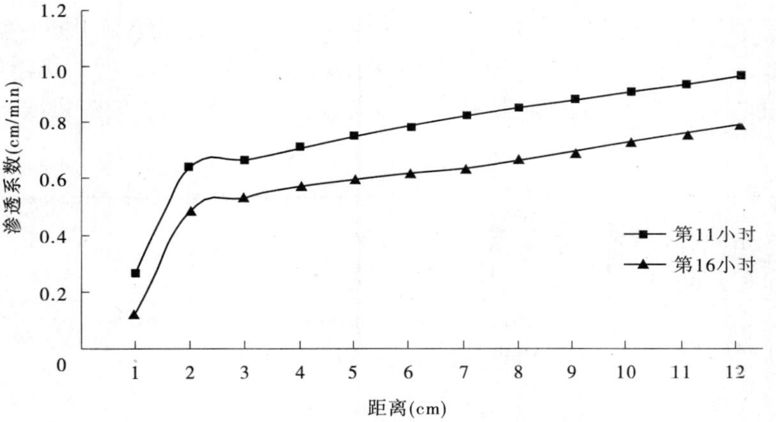

图5-27　第11小时模拟和第16小时预测的不同区域渗透系数变化

堵物质而造成的一定程度的淤堵现象却不应被忽视。建立相应的淤堵过程耦合模型具有重要意义。

由于多过程模拟的复杂性,本章在建模时简化了条件。在假定亚铁已被氧化生成氢氧化铁的基础上,通过试验建立了浓度与渗透系数、弥散系数、孔隙率、密度以及阻滞系数等量之间的函数关系,获得了相应的参数值。将各参数值代入数学模型,建立了多孔介质淤堵过程的渗流和溶质运移耦合模型。

5.5　排渗体淤堵对坝体稳定性的影响分析

尾矿库工程为了降低坝体浸润线而在坝坡上修建一定数量的辐射井,而辐射井在工作一定年限后,不可避免地发生不同程度的淤堵,普遍表现为排渗体淤堵,从而导致排渗能力下降,特别是辐射井导水管淤堵,导致排水量迅速减少,继而导致排水井水位升高,坝体浸润线升高,坝体安全系数明显下降,如果不及时采取工程措施可能导致坝体浸润线出逸，甚至造成渗透破坏，所以尾矿坝排渗体淤堵对坝体渗透稳定性影响巨大。

5.5.1　规划坝高(1 330 m)辐射井淤堵敏感性计算分析

在前面章节对高堆尾矿坝渗透稳定性研究中的关于后期最终坝高和中间坝高的渗透控制计算分析，均是建立在辐射井完全有效排渗的基础上的。也就是说，辐射井的工作效率达到100%发挥。我们知道，辐射井在实际运行过程中经过若干年后，将可能发生不同程度的淤堵现象，使得其排渗效率降低。因此，专门开展了辐射井排渗管不同程度的淤堵计算分析比较，首先针对后期最终坝高(1 330 m)进行计算分析，在该分析中所研究坝体对应的调洪水位为1 322.28 m，干滩长度700 m。同时，着重比较辐射井排渗管工作效率系数分别为1.0、0.7、0.5、0.3时的4种不同淤堵程度。在计算比较分析中，主要针对典型剖面渗流场和排渗流量两方面加以对比分析。

5.5.2　典型剖面渗流场比较

为了对不同淤堵程度条件下的渗流场进行比较，将其渗流场绘制于同一幅图中，分别以不同线型表示，如图5-28所示。图中渗流场比较清楚显示，当辐射井排渗管的淤堵程度达50%以上时，渗流场浸润线将抬高极为显著，使得渗流浸润线埋深极浅，无法满足渗控要求。

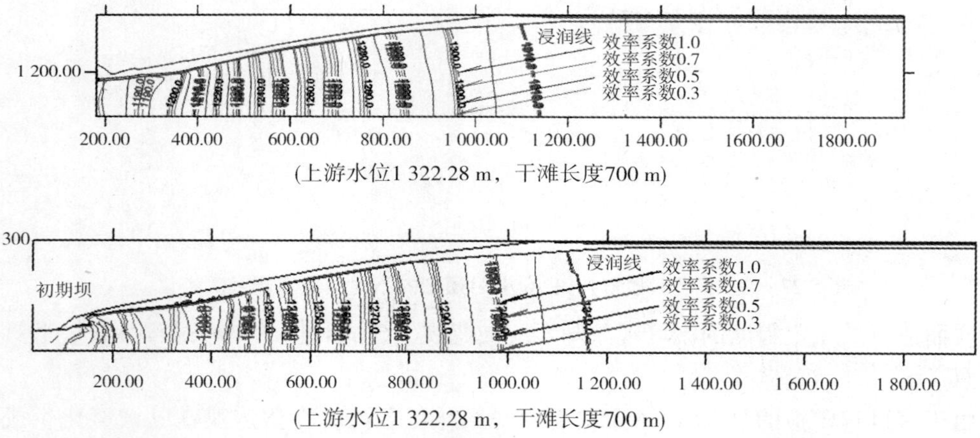

图5-28　最终坝高辐射井不同淤堵程度剖面渗流场比较

因此，我们认为，当辐射井排渗管工作效率低于70%时，务必引起该尾矿库管理部门的高度重视，或通过采取疏淤排渗管或其他措施，以保证其排渗效率。

为了从定量上加以分析，我们将上述典型剖面在辐射井不同淤堵程度下的浸润线最小埋深汇总于表5-18。从表5-18中各剖面渗流浸润线的最小埋深可以清楚看出，当辐射井发生淤堵，使得排渗效率达到0.7时，在尾矿库中部的最大断面浸润线埋深虽然满足控制要求，而在其近坝头的剖面上浸润线埋深约5.0 m，属局部满足控制条件。若淤堵程度达50%，使得排渗效率降低到0.5时，则整个尾矿库控制达到全面不足，威胁到尾矿库的安全，必须采取防淤、除淤措施。

表 5-18　后期最终坝高不同排渗效率各典型剖面浸润线最小埋深　（单位:m）

剖面编号	P04	P05	P06	P07	备注
浸润线最小埋深(效率 1.0)	7.6	11.2	13.0	6.80	
浸润线最小埋深(效率 0.7)	5.5	8.97	11.3	4.70	
浸润线最小埋深(效率 0.5)	1.0	3.76	6.89	1.00	
浸润线最小埋深(效率 0.3)	0.76	3.47	5.80	C.69	

5.5.3　不同淤堵程度下的渗流量计算分析

对排渗系统不同淤堵情况下的排渗流量进行了专门的计算分析统计，并汇总于表 5-19中。从表 5-19 中的排渗流量比较同样可以看出，随着排渗系统淤堵程度的加剧，排渗流量迅速减少。应当指出，对于后期坝高的计算分析，在建模上依据当前坝高上部的沉积分布平行上移，带有较大的不确定性，这也是没有办法的办法。因此，在对后期坝的渗流量计算结果的分析方面，我们认为有可能偏大些。但是，如果排渗系统出现不同程度的淤堵，其排渗流量衰减的总体规律性应相差不是太大。因此，我们建议，在尾矿库管理中，应十分关注排渗流量的变化。若发生渗流量的显著减少，应首先考虑到排渗系统的淤堵。根据渗流量减少的程度判断其淤堵程度，并采取必要的工程措施。对于该尾矿库来说，若排渗流量出现 20% 的减少幅度，应引起高度重视。

表 5-19　栗西尾矿库后期最终坝高含新增辐射井不同淤堵程度渗流量

排水量效率	1.0	0.7	0.5	0.3
排渗流量(m^3/d)	28 581	21 886	17 645	13 892

5.6　排渗体淤堵的工程治理措施

根据试验阶段性成果和尾矿坝实际情况，建议采取如下工程措施：

（1）做好坝面辐射井水位、坝体浸润线、排水管渗流量的观测工作，认真观测分析，以作为治理排渗体淤堵整治的依据。有条件时，可研究实施自动观测系统。

（2）根据尾矿坝排渗体淤堵情况可采取如下措施：①尾矿中黄铁矿是坝体地下水中铁离子的主要来源，从未选铁的早期堆积尾矿坝中排渗体淤堵严重，选铁后堆积的尾矿坝中排渗体淤堵较轻，证明了这一点。因此，提高选铁的回收率，减少尾矿中 Fe 的含量，能够有效地减缓尾矿坝排渗体的化学淤堵。②尾矿中氧的含量多少对排渗体淤堵影响较大。根据试验结果，筑坝时采用机械方法对坝体进行压实：一方面可以减少地下水中氧的含量，减缓排渗体的化学淤堵；另一方面可以提高尾矿的固结系数，提高坝体稳定性。③隔离空气。将辐射井导渗管或排水管出口淹没在水下，防止空气中氧的进入。根据淤堵情况，可定期采用机械除淤的方法，疏通导渗管或排水管，甚至重新打管，防止因排渗体淤堵而导致坝体浸润线上升，确保尾矿坝安全。

以上综合措施实施后，基本解决了淤堵难题，保证了尾矿坝的正常安全生产。

5.7 小　结

(1)通过对栗西尾矿坝现场监测，根据对淤堵物质的分析结果可知，淤堵样品 S_4 和 S_5 中的铁元素含量最高，分别为 54.35% 和 40.24%，这表明淤堵物质的主要组成部分是铁的化合物。由 XRD 和 SEM－EDS 分析结果可以看出，氢氧化铁($Fe(OH)_3$)是淤堵物质的初始主要组成成分，并且淤堵物质具有松散团簇状的微观结构。

(2)尾矿坝排渗体化学淤堵的机理：水中的亚铁离子在 pH 值为 6.8～7.5 条件下，与空气不断接触，发生氧化等一系列反应，最终形成以氢氧化铁为主要成分的淤堵物质，部分氢氧化铁会逐渐转化为针铁矿($\alpha-FeOOH$)、四方纤铁矿($\beta-FeOOH$)和赤铁矿($\alpha-Fe_2O_3$)等其他产物。这些物质既积累于排水管口处，导致排渗不畅，又可积累于坝体多孔介质中，影响其渗透性能。

(3)在新增辐射井历时长久后仍可能产生淤堵，对淤堵后的情况计算结果：对于中间坝高(1 300 m)而言，当淤堵达到 50% 时，中央断面上的浸润线最小埋深仍能保持 8 m 以上，靠近坝头的浸润线埋深仅有 4 m 左右。对最终坝高(1 330 m)而言，淤堵达到 30% 时，浸润线埋深在主要剖面处尚能满足最小埋深在 8 m 以上。

(4)根据尾矿坝排渗体淤堵的实际情况应采取适当的工程措施：如果属于机械淤堵，可对排渗管道采取机械除淤措施；如果属于化学淤堵，则要根据具体情况，采取隔氧措施；如果坝体排渗体淤堵情况比较严重，可采取新增设排水管的工程措施。

第6章　高堆尾矿坝加固技术研究与应用

随着我国国民经济的飞速增长，矿山企业生产规模的不断扩大，需要建更高更大的尾矿库来储存尾矿。目前，我国新设计、建设的尾矿库越来越高，高堆尾矿库的发展势必成为今后尾矿库的发展趋势。

在我国20世纪七八十年代投入使用的不少尾矿库已处于服务的中后期，急需新建接续尾矿库来储蓄尾矿，而新建接续尾矿库由于设计、施工周期长，且占用更多的土地资源，工程投资巨大，形成新的污染源。对处于服务中后期的尾矿库进行加固加高扩容，使其既能满足矿山持续生产的需要，又能节约资源、保护环境，最大程度地发挥原有工程的经济、社会和环境效益。目前，已有很多对原有的尾矿库进行加固加高扩容的成功实例。

随着提高坝体渗透稳定技术、抗震稳定性技术和坝体原位观测技术的不断发展，不少企业、设计和科研单位相继开展了尾矿库加固加高扩容方面的研究工作。我国在地震区采用上游式建设高尾矿坝、尾矿坝排渗降水技术等方面都处于世界领先水平，为尾矿库扩容加高提供了有力的技术保证。

6.1　高堆尾矿坝加高技术

尾矿坝的堆积方法主要有上游式、中线式、下游式、干堆式、水库式，目前我国已确定等别的尾矿库中，有95%的尾矿库采用上游式尾矿堆积坝体。因此，尾矿坝的加高技术形式主要也是以上游式尾矿库加高或上游式改其他形式加高方法为主。

6.1.1　采用上游式扩容加高

上游式筑坝由于工艺简单，沿用了原有的放矿方式和堆坝工艺，能最大限度地使用现有设施，尾矿设施不必做大的改动，减少大量工程费用等，因此国内普遍采用上游式进行扩容加高，但继续加高后的坝体稳定性需进一步论证。另外，还需对排洪系统、回水系统、坝体降渗等方面进行改造，有时甚至考虑一些副坝工程。兰亭尾矿库、包钢选矿厂尾矿库、黄家沟尾矿库、本钢南芬小庙沟尾矿库、铁坑铁矿尾矿库、南钢冶山尾矿库、大石河尾矿库[107-113]等国内大多尾矿库都采用上游式扩容加高。

在上游式扩容加高中，一些尾矿库根据其自身特点进行了技术改进。常用的几种技术改进方法为：

(1)沉积滩上宽平台筑坝。如云南海口磷矿桃树箐尾矿库根据尾矿较细、含水量高、不能自堆坝的特点，采用在沉积滩一定距离形成宽平台，上游式分期筑坝。在沉积滩类似饱和亚黏土地基上，采取土工布与毛石垫层的单面排水措施，加速沉积滩的排水固结，提高地基强度，建成了两期堆石透水坝，扩大了老库库容。

(2)大间距子坝的冲沟式堆坝。龙烟矿山公司小吴营尾矿库处于服务后期，库内沟岔多,根据沟周边的高差,在库内一定距离的尾矿滩上用粗尾矿筑子坝后,向子坝内放矿。

(3)土坝加筋结构加高坝体。大石河铁矿孟家冲尾矿库应用土坝加筋结构的新方法加高坝体,既不占库内用地又不占坝外土地。

6.1.2 上游式改中线式扩容加高

上游式尾矿坝几乎都存在不同程度的病害历史,如浸润线溢出、渗流破坏、坝面沼泽化等。而下游式和中线式都具有浸润线较低、抗震稳定性好的优点,黄经原[114]认为利用旋流器分级尾矿中线式筑坝,不仅能确保安全,而且也具有经济合理性。陈守义[115]针对上游式细粒尾矿堆坝存在的问题,提出了改变筑坝工艺,采用中线式筑坝的观点。御驾泉尾矿库[116]对变上游式为中线式进行了讨论。国内已有上游式改中线式筑坝的成功经验,如太钢峨口 1#尾矿库[117]、通钢板石铁矿吊水壶尾矿库[118]在系统研究、试验的基础上,采用水力旋流器分级上游式改中线式筑坝,延长尾矿库服务年限的成功经验。其存在征地、新增坝下回水量、新增坝底排渗设施、堆坝工艺改变后管理衔接、坝面扬尘等问题。

上游式改中线式扩容加高技术要求如下:

(1)采取加固措施确保坝体安全;

(2)尾矿中足够沉砂及时分离出来,这是中线式成败的关键;

(3)合适的水力旋流器设备。

采用这种筑坝法改造现有的尾矿库比用上游式扩容量大、投资省、安全性能好。存在的问题主要有:

(1)改造后的坝体稳定性,特别是改造初期"戴帽子"时的稳定性论证;

(2)不同放矿方式的技术管理应做好衔接;

(3)坝体降低浸润线的设施需改造或新建;

(4)坝外坡面防尘、防冲沟要采取相应措施。

6.1.3 上游式改下游式筑坝扩容加高

下游式筑坝在初期坝下游方向移动升高,原有的设施可以利用,采用旋流器筑坝,坝体稳定性好,容易满足抗震和其他要求。我国仅有峨口 2#尾矿坝属此坝型,但上游式改下游式扩容加高未见报道。

6.1.4 上游式高浓度尾矿堆积(圆锥法)扩容加高

上游式高浓度尾矿堆积扩容加高就是将尾矿浓度浓缩到 60% 以上,由砂泵输送到尾矿堆积场的某一部位排放。这种堆存方式适用于在较大面积的平地或丘陵地采用。加拿大一些矿山采用该法,沉积体坡度为 6% 左右[119];齐大山铁矿尾矿库进行了这方面的研究[120],尾矿堆筑特性试验以单锥试验为主,试验排放浓度为 40%、45%、50%、55%;整体模型表明将上游式低浓度筑坝改为 40% 浓度库内上下游部位交替排放坝体交替上升筑坝工艺,可增库容 521 万 m^3。这无疑是降低能耗、增加库容的一种思路。该方法在我国尚处于研究阶段,困难在于矿浆浓度和高浓度浆体的输送,需做进一步研究。

6.1.5　水库式尾矿堆积法(尾矿库挡水坝)

该法不用尾矿堆坝,而是用其他材料像修水库那样修建大坝,如贵州贡矿54 m高的三心圆拱坝(库容200万 m^3,服务10年),这种尾矿库和一般的蓄水水库工作条件基本相同。

6.1.6　膏体及干式堆法堆存尾矿

近年,国外一些矿山及国内的小型矿山也实现了尾矿浓缩后膏体堆放或压滤后尾矿的干式堆放的研究实践。

6.2　提高尾矿库库容利用系数技术

上游式尾矿筑坝普遍存在着库容利用系数低、能耗高、坝体上升速度快、尾矿固结时间短、浸润线高等缺点,严重影响了尾矿库的服务年限,解决不好将存在安全隐患。上游式尾矿坝溃坝原因几乎都是擅自加高坝体,改变坡比,造成坝体超高,边坡过陡,超过极限平衡,使坝体失稳。因此,在选择建设方案时,要充分利用库区地形,采用新技术、新工艺,改善坝体结构,从根本上确保尾矿库安全,以达到延长尾矿库服务年限的目的。

现有尾矿库技术改造,即在不加高现有尾矿库的基础上,在确保尾矿库安全的前提下,采取一些技术措施,增加尾矿库的服务年限。主要措施有:改进尾矿库放矿工艺、高浓度尾矿堆筑等。

6.2.1　现有尾矿库技术改造

6.2.1.1　尾矿库坝前放矿

目前,尾矿库坝前放矿一般采用管架法、斜管法和集中放矿三种方法。管架法和斜管法一般使用于坝轴线较长的尾矿库。分散管的间距、管径一般由尾矿粒度、矿浆浓度、流量等确定,分散管间距一般为15~20 m。一般因坝轴线短而采用集中放矿。放矿(支)管长度一般为2~3 m,放矿时容易在坝前形成沉积堆,使尾矿沉积滩形成坎或局部陡坡,降低了库容利用系数。为了提高库容利用系数,分散管或集中放矿管应尽可能延伸到库内,以提高库容利用系数,同时让细粒尾矿远离坝体,提高坝体稳定性。

尾矿库坝前放矿的技术特点是:能使尾矿充分运移,尾矿在沉积滩分布均匀,提高库容利用系数。

6.2.1.2　库尾冰下放矿

在高寒地区,为了克服低温排放尾矿困难,使用冰下排放尾矿的方法,如黑龙江松江铜矿、铜陵有色凤凰山相思谷尾矿库、安庆铜矿朱家冲尾矿库等,均采用库尾冰下放矿。

库尾冰下放矿的技术特点是:①能克服低温排放尾矿困难问题;②充分利用水体闲置库容,达到提高库容利用系数的目的。

6.2.1.3　综合法放矿

此种方法是对库尾水下放矿技术的发展,采用坝前和库内水体下综合排放尾矿的方式，以提高库容利用系数。

综合放矿法的技术特点是：①充分利用原有设施和尾矿库闲置库容，提高库容利用系数，减缓坝体升高速度，在不加高尾矿坝的情况下，实现扩容；②有足够的库容、水下体积、干滩长度；③放矿在不影响尾矿筑坝和干滩长度，不侵占调洪库容的情况下进行；④放矿时根据干滩长度、筑坝情况合理调整坝前及库后放矿量，保证坝体均衡上升。

对于细粒尾矿库也可采用综合法放矿。用旋流器将尾矿分级成粗颗粒尾砂和细颗粒矿泥，生产足够量的粗颗粒尾砂进行坝前放矿筑坝，细粒矿泥排入水下库内。

但是在库容不足或堆积超过坝顶的安全超高时，存在安全隐患。现有国外北极区某山坡型尾矿库选择了如下方式：气温在 0 ℃以上时，分散向沉积滩放矿；气温在 0 ℃以下时，采用综合法放矿，用旋流器将尾矿分级成尾砂和矿泥，尾砂部分集中排放到与山坡毗连的尾矿库坡岸上，矿泥排入冰下库池内。这种把浓缩尾矿输送到排放地最高点附近排放的工艺比尾矿库按层增高的工艺多储存 250 万 m^3 尾矿，冰下具有未充足的空间，形成澄清的回水。

6.2.2　综合法放矿实例

栗西尾矿库，保持坝前主管放矿的主要方式，用连接软管的支管进行坝前放矿；库后放矿终端管敷设在浮桥上，移动浮桥位于尾矿库水面上。在尾矿库年总尾矿量 660 万 t/年输送至坝前放矿，年总尾矿量 330 万 t/年输送至库后水下，二者均衡放矿，即可满足尾矿库泄洪及干滩长度要求。综合法尾矿堆置工艺系统见图 6-1。

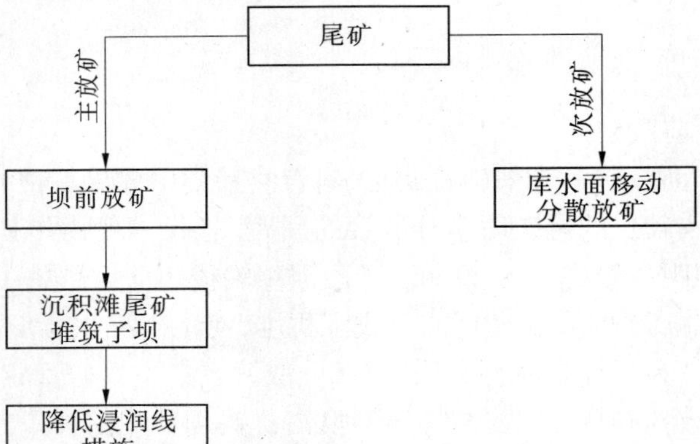

图 6-1　综合法尾矿堆置工艺系统

从表 6-1 看，采用综合放矿法后各项指标均优于单纯坝前放矿法，发展了尾矿充填技术。综合放矿法既能保证尾矿均匀充填于水下，又能保证尾矿库的泄洪安全，从而实现库后水面上的移动均衡放矿，且能有效提高尾矿库回水率，控制回水水质。还可以有效提高尾矿库充填系数，降低坝体上升速度，减少坝体渗漏量，延长尾矿固结时间，提高回水利用率。

表 6-1　综合法与坝前放矿技术经济指标比较

指标	综合放矿法	坝前放矿
坝体平均上升速度	2.7 m/年	4 m/年
尾矿库充填系数	0.92	0.77
坝体渗流量	734 m^3/h	1 100 m^3/h
增加有效库容(设计高程内)	3 330 万 m^3	—
延长服务年限	4 年	0
增加回水量	366 万 m^3/年	—
每年节能	100 万元	—
每年多增加库容效益	999 万元	—
节约土地资源	2 300 亩	—
尾矿坝安全系数	增加 10%	—

注:1 亩 = 1/15 hm^2。

6.2.3　高浓度堆筑改造扩容

高浓度尾矿堆坝技术是 EI. I Robinsry 在 1965 年构思设计的,现已应用在加拿大、美国、秘鲁等国家。该方法将尾矿经浓密机浓缩(浓度≥50%)后,输送至库内预定排放点,所有尾矿全部呈浆状沉淀,没有分级,在排放口可形成锥形堆积体。为排放尾矿,需修筑一些坡道,随着堆积体的增高,逐步抬高坡度。这种堆存方式多在较大面积的平地或丘陵地采用。与传统上游式筑坝相比具有库存能力大,不需要用尾砂筑后期坝,稳定性高,降低渗漏水和粉尘对库周围环境污染的影响等优点。

国外用高浓度尾矿堆筑法改造上游式,可增加尾矿库的服务年限。如加拿大新不伦瑞克省哈达姆矿采用上游式扩建尾矿库需增加周边坝,而采用高浓度法扩建,可增加 15 年库容量,且不需增加周边坝的高度。美国亚利桑那州麦戈马铜矿,保证 20 年尾矿处理量,尾矿库用上游式扩建,需加高 41 m,而采用高浓度堆筑,只要沿山谷内侧较高地区设置固定点排放,无需加高即可满足需要。

我国齐大山铁矿风水沟尾矿库进行了高浓度尾矿堆坝试验,结果表明,合理的尾矿排放浓度为 50%,坡道式排放,分期分段设置拦水坝,比上游式可增加 80% 的库容量。

由于该项技术涉及尾矿输送系统改造、放矿筑坝方式的改变,存在管理及技术衔接等问题,需进一步研究。

6.3　提高尾矿坝体稳定技术

6.3.1　坝体渗流控制

尾矿坝是一种散粒体堆筑的水工建筑物,当上游存在高势能水位时,坝体内必然形成复杂的渗流场。在渗流作用下,坝体有可能发生渗流破坏,严重时将导致溃坝;同时,坝体浸润线还直接影响坝体的静力和动力稳定性。因此，为了提高坝体稳定性，工程上常采用在尾矿坝体增设排渗降水设施降低浸润线，并取得了成功经验，常用的排渗降水方法有以下几种。

6.3.1.1　管井法

管井法是较早用于尾矿坝降水的方法，在尾矿坝上开凿垂直管井至应控制的浸润线以下，内设抽水泵，通过抽水达到降低浸润线的目的。由于尾矿渗透性偏小，渗水具有量小、渗透时间长的特点，管井的泵水系统不能完全适应细水长流的要求，所以这一方法目前已很少使用。

6.3.1.2　虹吸管法

在每个井管内采用虹吸排水装置，可节省能源。大石河尾矿库曾使用过该法。该方法使用过程中极易产生“气塞”断流，不能保证连续运转。后经改进，现已成功地解决了“气塞”断流问题，目前已在许多尾矿坝应用，效果明显。

6.3.1.3　轻型井点法

这是建筑行业进行降水的常用方法。它是通过一条总干管将各支管连接在一起，通过集中设置的虹吸泵系统排水，起到降低或截断地下水的作用。这种方法适用于渗透系数在 $1\times10^{-2}\sim1\times10^{-5}$ cm/s 的尾矿。安徽马钢南山矿、合钢钟山铁矿、符山铁矿都使用过这一技术。

6.3.1.4　水平－垂直排渗系统

这种方法是在尾矿坝内设置垂直透水排渗墙、砂袋、碎石桩柱、插板等，其底部再以水平排水管连接，通至坝外，进行自流排水。前浴、南芬、浙江兰亭等坝使用过该技术。

6.3.1.5　水平排渗管法

水平排渗管也是一种自流式排渗装置。在坝体设置水平管，前段为滤水管，后段为排水管，伸至坝外。该方法较经济，但当坝内有隔水层、垂直渗透系数过低时，影响降水效果。江苏九华山铜矿、句容铜矿、黑龙江松江铜矿、首钢大石河尾矿坝等，都先后使用了这一技术。

6.3.1.6　辐射井排渗系统

该系统由垂直大口井和多条水平辐射状滤水管及通往坝坡的自流排水管组成。堆积坝中的渗流水在地下水头的作用下向辐射滤水管汇流，并通过滤水管汇入辐射井，辐射井汇集各辐射滤水管的渗水，再由设于辐射井底部的水平排水管排出坝坡。目前，这种排渗方法应用较广。辐射井排渗系统的优点与地表水平滤管排渗法相类似，且浸润线的深度有可能降得更低。但其水平滤管均以辐射井为中心，向外辐射，井壁附近的滤管分布较密，未能得到充分利用。另外，施工难度较大，在软弱的地层上沉井较困难，工程费用高，竖井深度越深，费用越高。辐射井排渗运行情况如图 6-2 所示。

图 6-2　辐射井排渗运行情况

6.3.1.7　空间排水系统

空间排水系统是在尾矿库建设期间预先设置的尾

矿坝排渗系统。该系统由设于初期坝上游的若干座垂直排渗井和连接排渗井并通至坝外的水平排水管组成，该系统应用于白雉山、城门峒、德兴铜矿等矿山。

6.3.1.8　褥垫式排水

褥垫式排水将坝体挖开，埋入土工布的反滤层，用导水管将反滤层的水导出坝体外。其优点是施工简单，排渗效果好，但因控制面积小，仅能降低表面水，不能解决坝体安全问题，并且使用一段时间后，出现结垢现象，易堵塞水管。

6.3.2　提高尾矿坝抗震稳定技术

地震对尾矿坝造成的危害已经为工程人员所认识和重视。对尾矿坝来说，地震的危害主要表现为以下几个方面：

(1)永久变形和不均匀沉降引起的裂缝。

(2)地震反应造成较大的动应力和动应变，降低坝体的稳定性。

(3)在坝体和坝基存在可液化砂土时，地震中砂土可能发生液化，严重威胁工程安全。尾矿坝的动力安全性与坝体、坝基土体的工程特性有密切的关系，土体的工程特性好，则动力安全性高，特别是对于液化性砂土，如果其密实度低，则地震发生液化的风险就高。

我国大量尾矿坝是按上游式修建的，坝体施工质量普遍较差，有些坝基、坝体为易液化的土层，而且很多的坝址处在地震烈度较高的地区。近年来，科研人员对尾矿坝筑坝材料静动力特性、坝体动力反应、地震变形分析等已进行了一些研究，取得一些进展，在一定程度上丰富和完善了尾矿坝抗震设计理论和设计方法，然而有关地震时尾矿坝抗震措施方面的研究相对较少。因此，研究尾矿坝的抗震措施及其抗震效果具有重大的现实意义。

工程结构和建筑物的抗震能力在一定程度上依靠正确的抗震设计和采取抗震措施来获得。许多土工抗震措施近年来被采用[121-124]，这些措施主要包括密实、排水、加固、灌浆凝固。根据具体场地条件、难易程度、构筑物的结构特性、相连场地的敏感性等，每种抗震措施都有自己的特点及适用性。

6.3.2.1　降低浸润线

降低坝体浸润线高度，增大浸润线下坝体的有效应力，减小坝体的饱和区，是提高尾矿坝抗震稳定性的措施之一。可采取的技术措施有垂直排渗井、水平排渗管、垂直与水平联合排渗、虹吸管排渗、轻型井点排渗等[125]。

6.3.2.2　碎石桩

碎石桩是指用振动、冲击或水冲等方式在软弱土层中成孔，再将碎石压入已成的孔中，形成密实的碎石桩体，与周围土层共同作用，形成复合土体[126]。20 世纪 70 年代，碎石桩技术开始应用于加固可液化土层，并逐渐发展成为一种应用广泛的抗震防液化加固手段，这种加固技术的有效性已经在实际地震中得到证实[127-128]。近年来，学术界和工程界对碎石桩的主要研究内容有碎石桩复合土体的抗液化机理、影响因素、设计方法、液化检验和判别等。Seed 和 Booker[129] 最早提出一种评价碎石柱排水效果的简化法。此设计方法主要是预测被碎石柱加固后土体的最大超孔隙水压力发展过程，并假定碎石柱完全透水，只考虑碎石柱的排水效应，没有关注密实加固土体的性能。Baez 和 Martin[130] 介绍了一种预测碎石柱改善土体在地震中抗剪强度的方法，认为碎石柱加固具有很低渗透性的土体（黏土）时，忽视碎石柱对土体的排水效应，主要是突出考虑复合土体强度方面的改善。Luehring[131]、Shenthen[123]等将毛细管排水与碎石柱结合应用在坝基的加固中，测试结果表明碎石柱在高细粒含量（>60%）的黏土加固中取得了成功。徐志英[132]导出了液化地基中碎石桩的排水计算式。现有研究结果表明，碎石桩复合土体抗震作用主要表现为[133-137]：①密实周围的土体；②通过桩体的排水来限制砂土中超孔隙水压力的增长；③增强了复合土体的整体强度。

6.3.2.3 加筋

土体具有一定的压缩强度和剪切强度，但它们的拉伸强度却很低，所以在土内铺设适量筋材，可以不同程度地改善土体的强度和抗变形能力。数千年前，人类就利用芦苇加筋黏土建造房屋，3000多年前，英国人曾在沼泽地带用木排筑道路。公元前2000～前1000年，古巴比伦人曾把植物纤维掺在土中建造庙宇[138]。在我国，远在新石器时代，我们的祖先就利用茅草作为加筋材料。在陕西半坡村发现的仰韶遗址距今五六千年，有许多简陋住室的墙壁和屋顶就是利用草泥修建的[139]。在玉门一带，仍有用砂、砾石和红柳或芦苇压叠而成的汉长城遗址[140]。1960年，法国工程师Henri. Vidal[141]根据三轴试验结果提出了加筋土概念，3年后，他发表了加筋土的研究成果并提出了设计理论。1965年在法国比利牛斯山的普拉聂尔斯建造了世界上第一座加筋土结构[142]，从而引起了欧洲各国研究加筋土的热潮。日本于1967年引进该项技术，并在日本国营铁路进行了原型试验，后又进行了加筋土结构在地震作用下的性能研究。美国于1969年引进了加筋土技术，该项技术在美国得到了较快的发展和应用。随后加拿大、澳大利亚等许多国家也都先后引进和推广了这项新技术[143]。我国现代加筋土技术的研究和应用始于20世纪中期。王凤江[144]基于室内三轴剪切试验，以聚丙烯土工织物为材料，对不同加筋层数下尾矿砂的破坏特征进行了研究。试验结果表明，加筋提高了尾矿砂的强度。孔宪京等[145]提出了增设马道、改缓坝坡和加筋相结合的高土石坝综合抗震方法，研究表明综合抗震措施对被加固区域的地震永久变形有显著作用。刘浩吾等[146]用非线性有限元法对法国Conguey-rac坝进行分析，计算结果表明加筋有效地减小了坝体变形，并改善了坝体的应力状态。

6.2.3.4 其他抗震措施

1）改进筑坝工艺

研究表明，按每年预定上升速度增高坝体，控制放矿管的流量和流速，坝前分散放矿冲填，使大部分粗尾矿分布于所需的坝前部分，形成足够宽的坝硬壳，可以增强坝体防液化能力。对于粒度较细的尾矿，可用水力旋流器分级，以其粗颗粒的尾矿筑坝。采用中线式筑坝工艺、高浓度放矿工艺均有利于提高坝体的抗震稳定性。坝面振冲加密，使坝壳密度增大。

2）改变坡面

一般方法有改缓坝坡、增设或加宽马道，在坝外坡施加反压体或在坝面加重压将上游式筑坝改为中线式或下游式。

采用上述几种加固措施时，要综合考虑其他因素的影响。如改缓坝坡时要注意避免浸润线溢出坝面，引起渗流破坏。最后应当指出，为确保重要尾矿坝的地震稳定性，除采取上述加固措施外，在坝上建立安全监测系统是十分必要的。

6.3.3　尾矿库安全监测技术

尾矿库的安全监测对于加强尾矿库的安全监管、掌握尾矿库的安全现状、减少尾矿库的事故发生等具有重要意义。对于观测工作及资料，应专人观测、专人管理，对观测结果认真整理分析，掌握尾矿坝的工作状况和运行规律。监测技术发展经历了人工观测、在线视频监测，目前发展到尾矿库安全监测预警系统。

6.3.3.1　观测内容

1）外观检查

观察坝坡有无明显变形、塌陷、沼泽化、渗水、蚁穴鼠洞等。

2）专业检查

专业检查包括：①坝体水平位移观测；②坝体沉降观测；③坝体孔隙水压力观测；④坝体浸润线观测；⑤坝面大口辐射井水位观测；⑥水平辐射管水流量观测；⑦绕坝渗流观测；⑧排水洞渗流量、流速观测。

6.3.3.2　观测技术的发展

1）人工观测

人工去现场利用全站仪采集尾矿库的有关安全的形变、位移、库区水位等相关数据，人工整理后存入数据库以供分析、管理、决策应用。

人工观测方法存在的缺点较多，如采集周期长，人工观测的精度依赖观测人员的专业水平及工作经验，不能做到实时反映。

2）在线视频监测

在线视频监测是利用摄像头监控坝面放矿、库内水位、坝外渗流等情况。该方法的优点是能实时看到监控范围内的实际情况，但无法监测坝体变形、浸润线等详细数据。

3）安全预警自动观测系统

坝体外部形变监测系统以现代卫星大地测量理论、技术为基础，以基于多元统计分析的数据处理和变形分析理论为核心，以现代通信和计算机网络技术为手段，在任何气候条件下，实现 24 h 不间断地实时监测，能够反映坝体安全状态的坝体表面形变、水平位移、沉降状况等数据，根据系统的数学模型，自动计算并给出形变发展的速度及系统可以自动分析所采集到的数据，并根据结果发出预警或给出相应提示。

该方法的优点是精度较高、实时观测、远程监控，但是该系统长期可靠性有待观测验证、力学指标等计算参数还需人工取值输入、费用过高。

6.4　小　结

尾矿库的扩容加高不仅能节约土地资源，提高库容利用系数，减缓目前尾矿坝的上升速度，增加现有坝体稳定性，而且节约巨大建设投资，是符合当前国家政策和发展趋势的。结合应用不断发展的高坝体渗透稳定技术、抗震稳定性技术和坝体原位观测等技术，并在扩容加高前对尾矿坝现状作规范及合理的勘察、计算和论证，保证了进行扩容加高的安全、环保、可靠性。

第7章　尾矿库水土流失预测及环境保护研究

7.1　概　述

尾矿库是金属、非金属矿山等行业储存尾矿及澄清水的重要生产及安全环保设施，由于其自身由散离体自然沉积形成，具有非均质、各向异性及坝体复杂多样性等特点，易产生水土流失，极端情况下发生溃坝，将破坏当地生态环境，使下游的社会经济和生态系统受到无法估量的影响。

尾矿坝水土流失包括坡面水土流失、极端情况下溃坝形成的水土流失、使用过程中坡面扬尘及坝体和库区渗漏水的流失。国内在尾矿坝水土流失预测方面多用扰动前后侵蚀模数法预测表面流失量，对溃坝造成的水土流失研究及预测尚未见统一的、系统的方法。国外马丁和戴维斯估计尾矿库重大决堤事故的发生概率约为千分之一，而小的决堤事故概率为百分之一，相比之下常规土筑蓄水坝发生大灾难的可能性只有万分之一。Rico[147]在分析历史溃坝事件中，总结了低坝溃坝统计规律，对高坝尚无预测。

本章对尾矿坝坝坡面及建设弃渣水土流失进行了预测及治理措施研究，对溃坝的主要影响因素进行了分析，对流出物及影响范围进行了预测并提出控制措施，对坝体及排洪洞渗水量进行了预测，并实践了相应的工程措施，为确保尾矿坝安全、防止尾矿坝水土流失、重金属粒子迁移等对环境的影响、节约水资源提供了有价值的参考，同时对建设环境友好型社会有重大的战略意义。

7.2　尾矿坝坝面和建设弃渣水土流失预测及治理措施

栗西尾矿库是金堆城钼业集团(年处理矿量1 000万t)尾矿堆存地。目前，尾矿库沉积滩长度1 100 m，水面长度2 400 m，平均宽度350 m，水体体积8.0×10^6 m^3。后期坝采用上游式尾矿堆筑，水土流失存在的问题主要为：子坝坝面是碎石覆面，没有覆土绿化；库区干滩面长约1 100 m，在持续的干燥环境下，易产生扬尘污染。

目前，栗西尾矿库已使用至后期，为确保该公司可持续发展，拟对尾矿坝加高到1 330 m高程[148,149]，总库容2.69×10^8 m^3。工程组成见表7-1。

7.2.1　水土流失的预测

该尾矿库原设计服务年限28年，故重点预测项目建设期和服务期的水土流失，同时考虑到项目的整体性、防护措施的持续性。由于尾矿坝、尾矿输送系统、回水系统、排洪系统等的扩建及改建，将破坏项目区原地貌及植被，排放大量弃渣，扰动表土结构，致使土体抗蚀能力降低,土壤侵蚀加剧,影响水土流失的各种因素在较长一段时间内仍将十分活跃,因此预测范围以上述各分部工程项目为主。

表7-1 工程组成一览表

序号	项目	现有工程	改扩建工程	改扩建工程与现有工程关系
1	尾矿坝	透水堆石初期坝,坝高40.5 m,已堆筑33道子坝	尾矿坝加高30 m,库东侧分期修建三座副坝	新建1 283 ~ 1 330 m间子坝和3座副坝
2	尾矿输送系统	坝顶输送:1#至5#砂泵站共5级泵站;管线总长2 965 m。2个隧洞及1 146.8 m的自流槽输送。 库后输送:4座隧洞、两段陡槽及浮桥由5#砂泵站管道输送至库内水下,新建输送管线2 300 m	泵站管线建设,开岩工程量约为6 000 m^3,由砂泵站管道输送至库内水下,新建隧洞	利用现有泵站及管线,改建5#泵站
3	回水系统	库内回水:由5座回水塔、回水斜槽及回水隧洞组成。 坝下截渗回水:现14口大口井总渗流量约为480 m^3/h,坝下交通洞渗水量约500 m^3/h,渗水采用一级泵站扬送至选厂回水大井	对新建5#进水塔(塔顶标高1 300 m),进行加固加高30 m处理。 重新铺设 ϕ529 钢管约2.7 km,经隧洞进入回水系统	利用现有回水管,扩建5#进水塔。 新建1.7 km回水隧洞,2 km长管线,送至选厂回水大井
4	排洪系统	由三座排洪井及隧洞组成,目前1#排洪井已封堵,2#排洪井塔开始使用	新建排洪井一座,通过290 m隧洞连接,现有2#排洪竖井,老洞加固处理	利用原有排洪系统隧洞,新建排洪井1座

可能造成的水土流失量和新增水土流失量预测采用扰动前后侵蚀模数法进行[150]。计算公式为

$$W_s = \sum_{1}^{n} [F_i \times (M_{sli} - M_{oi} \times T_i)] \tag{7-1}$$

式中:W_s 为扰动地表的新增水土流失量,t;F_i 为第 i 区域新增侵蚀面积,km^2;M_{sli} 为扰动区域地表的侵蚀模数,t/(km^2 · 年);M_{oi} 为扰动区域地表的背景侵蚀模数,t/(km^2 · 年);T_i 为第 i 区域预测时段,年;n 为不同地貌类型侵蚀区(预测单元)。

7.2.2 水土流失预测结果

(1)扩建和生产过程中产生的弃渣,主要来源于排洪系统改造、尾矿输送系统扩建、副坝建设产生的弃土废石、尾矿及库区公路建设产生的弃土废石,总量为2.361 3亿t,其中建设期为1.242 4亿t,生产期为1.118 9亿t。

(2)项目实际占地范围以林地为主,经测算将扰动地表面积为59.27 hm^2,损坏水土保持设施面积为59.27 hm^2。

(3)本工程可能造成的水土流失面积约为59.27 hm^2,可能新增水土流失量为8.45万t。

7.2.3 水土保持措施

(1)沉积滩分段放矿,可防止滩面扬尘。

(2)在尾矿坝坝面设置排水沟与坝肩截洪沟相连,有效防止水土流失。

(3)坝面覆土绿化,恢复生态。

(4)对施工过程中水土流失的防治主要集中在尾矿库、隧洞、库区道路等地段,在水土流失防治上,主要采取拦挡、护坡工程等措施以及后期采取土地整治措施。为使人为荒漠景观与周边环境相适应,可进行植被恢复。

(5)建设中应合理调配土石方,减少土石方外排量,避免大量弃土(石、渣)乱堆乱放,尽量避免或减少破坏生态环境,控制施工过程中的水土流失。

7.3 尾矿坝坝体水土流失预测及防治措施

坡面及弃渣的水土流失影响较小,而导致灾难性水土流失的是坝体溃坝。

7.3.1 尾矿坝溃坝尾矿流失(流出)量及距离预测

Rico 根据世界范围内 250 起尾矿坝事故,收集整理了其中 29 起有尾矿流出量和流出距离完整资料的溃坝事故,进行研究和分析得出以下结论:

尾矿坝溃决事故中被释放出的尾矿量(V_F)和尾矿实际储量(V_T)之间的关系如下

$$V_F = 0.354 \times V_T^{1.01} \qquad r^2 = 0.86 \tag{7-2}$$

即沉淀池中平均 1/3 的尾矿和水在尾矿坝溃决事故中被释放出来(极端情况下,$V_F = V_T$)。

尾矿坝溃决事故中的尾矿最大流失距离($D_{\max}$)与坝高(H)、尾矿流出量(V_F)和尾矿坝因子(HV_F)的关系如下

$$D_{\max} = 14.5 \times V_F^{0.76} \qquad r^2 = 0.56 \tag{7-3}$$

式中:V_F 为尾矿流出量(包括尾矿和水),$\times 10^6\ m^3$;V_T 为尾矿储量(包括尾矿和水),$\times 10^6\ m^3$;$D_{\max}$为最大流出距离,km。

式(7-2)、式(7-3)是国外 29 个坝坝高为 20 ~ 60 m 的事故预测尾矿流失(泥石流)(流出)量及范围的估算经验公式。

国内尾矿坝溃坝尾矿流出量及流出距离分析:国内近几年来发生的山西襄汾“9 · 8”特大尾矿库溃坝事故,流出尾砂量 $2.0 \times 10^5\ m^3$,流出最大距离约 2 km;辽宁海城“11 · 25”尾矿库溃坝事故,流出量尾矿泥 $5.4 \times 10^5\ m^3$,流出最大距离约 2.5 km;陕西镇安“4 · 30”尾矿库溃坝事故,流出量 $1.2 \times 10^5\ m^3$,流出最大距离约 300 m,污染了下游 5 km 范围的河流。这四起特大、重大尾矿库溃坝事故,尾矿流失(流出)量和流出最大距离在上述估算范围内。

对坝高超过 100 m、库容超过 $1.0 \times 10^7\ m^3$ 的大型尾矿库溃坝事故,国内外均未见报道,主要原因是规模大的尾矿库防洪标准高,安全系数大,一般能按规范勘察设计,按规范进行管理,并采取可靠的安全及技术管理措施。

对二等尾矿库溃坝事故流出量及流出距离预测:从低坝溃坝规律来预测,二等尾矿坝万一溃坝,流出的体积将达到数千万立方米,对下游流域水质及生态的影响将达几十到数百千米。

7.3.2　导致溃坝的主要因素

导致溃坝的主要因素有:库内洪水漫顶、干滩长度不够、排渗设施不足、化学淤堵引起排水设施失效,导致坝体浸润线过高,排洪设施失效或损坏引起的渗透破坏,堆积坝外坝坡偏陡、坝体稳定性不足引起的破坏,地震等。

根据国内近几年来四起重大尾矿库溃坝事故原因分析,最直观、最直接的原因之一就是尾矿库干滩长度严重不足。干滩长度直接影响坝体浸润线高度、坝体渗透坡降、坝体尾矿砂的 C 值和 φ 值,是影响稳定的决定因素。

对该尾矿坝,影响大的则是:干滩长度不够,排渗降水设施不满足要求等。

7.3.3　尾矿坝不同干滩长度对稳定性的影响分析

《尾矿库安全技术与管理》中对上游式尾矿坝最小干滩长度规定二等尾矿库,最小干滩长度 100 m。对于重要的二等尾矿库,设计标准可提高一级,按最小干滩长度 150 m 考虑。

本书利用高堆尾矿坝勘探结果、现场和室内试验,按尾矿坝堆积规律,将实际勘探剖面平抬上移到 1 330 m 标高,采用分区统计渗透系数,用改进"不变网格法"、改进排水子结构法[5]模拟尾矿坝复杂排水系统,建立了规划坝高下的三维渗流模型。采用复杂三维渗流控制程序,对不同滩长的渗流场进行了计算分析预测。对规划坝高 1 330 m 不同水位和干滩的渗控研究,考虑以下三种工况:

(1)极端不利组合:库水位 1 323.28 m,干滩长度 150 m;

(2)库水位 1 322.28 m,干滩长度 700 m;

(3)库水位 1 321.00 m,干滩长度 800 m。计算结果见表 7-2。

以上计算分析表明:在干滩长 150 m 运行时,能够满足尾矿坝渗流要求,但浸润线没有太多富裕,并且在辐射井完全有效工作情况下,干滩长度越长,浸润线埋深越大,坝体越安全。

7.3.4　浸润线对坝体稳定性的影响分析

分别用瑞典圆弧法、毕肖普法、陈祖煜法对尾矿库干滩长度 700 m,尾矿坝浸润线分别为 4.6 m、6 m 下安全系数进行了计算,见表 7-3。结果显示,浸润埋深线越大,坝体稳定安全系数越大。

7.3.5　排渗设施对渗流场的影响

为了确保坝体安全,常采用科学的排渗设施来降低坝体浸润线。根据当前已建立的排渗系统(9 口辐射井),对后期规划坝高运行情况下的渗流场进行了计算分析预测。

不增加排渗工程设施的情况下,规划坝高部分剖面均出现一定范围的坝坡出逸。说明现有排渗系统在坝体增高情况下将不能满足对尾矿库的渗流控制要求。

表 7-2 规划坝高新增辐射井后不同干滩长度典型剖面浸润线埋深比较

横坐标(m)	200	250	300	350	400	450	500	550	600
地形或坡面高程(m)	1 189.0	1 198.8	1 208.4	1 217.6	1 227.8	1 236.7	1 246.8	1 256.7	1 266.1
P06 剖面浸润线高程(干滩长度为 150 m)(m)	14	14.8	16.2	18.6	21.8	20.7	20.8	18.7	17.1
P06 剖面浸润线高程(干滩长度为 700 m)(m)	17	18.8	21.4	22.6	24.8	22.7	21.8	18.7	17.1
P06 剖面浸润线高程(干滩长度为 800 m)(m)	19	20.0	22.4	24.6	27.8	24.7	23.8	22.7	22.1
横坐标(m)	650	700	750	800	850	900	950	1 000	1 100
地形或坡面高程(m)	1 275.5	1 283.5	1 292.0	1 300	1 306.3	1 311.4	1 317.3	1 323.0	1 328.9
P06 剖面浸润线高程(干滩长度为 150 m)(m)	17.5	16.5	14.0	16.0	17.3	18.4	19.3	31.0	19.9
P06 剖面浸润线高程(干滩长度为 700 m)(m)	18.5	19.5	20.0	21.0	25.3	28.4	32.3	36.0	37.9
P06 剖面浸润线高程(干滩长度为 800 m)(m)	26.5	29.5	30.0	30.0	34.3	37.4	41.3	46.0	47.9

表 7-3 浸润线对坝体稳定性的影响

浸润线	方法	圆弧深(m)	圆心 X 坐标(m)	圆心 Y 坐标(m)	安全系数	
					无地震	Ⅶ度烈度
最低 6 m	瑞典圆弧法	24.004	3 094.763	-327.762	1.801	1.484
	毕肖普法	34.004	3 139.763	-327.762	2.199	1.921
	陈祖煜法	24.004	3 119.763	-327.762	1.976	1.685
最低 4.6 m	瑞典圆弧法	19.981	3 084.781	-294.378	1.787	1.463
	毕肖普法	39.981	3 134.781	-294.378	2.182	1.800
	陈祖煜法	24.981	3 129.781	-294.378	1.955	1.612

根据对后期规划坝高运行情况下的渗流场计算分析,在现有 9 口辐射井的基础上,再预布 10 口辐射 $10^{\#} \sim 19^{\#}$,新增辐射井后渗流场地下水位明显降低,无地下水位溢出现象发生。优化结果表明,所考虑的新增辐射井数量及其布置基本上是可行的,能够达到对该尾矿库后期坝高渗流场的有效控制。

7.3.6　辐射井排渗管的淤堵对稳定性的影响

辐射井在实际运行若干年后,将可能发生不同程度的淤堵现象,使得其排渗效率降低。后期规划坝高(1 330 m)坝体排渗系统按工作效率系数分别为1.0、0.7、0.5、0.3 的4种不同淤堵程度对浸润线的影响,并将其渗流场绘制于图 7-1 中。图中渗流场比较清楚地显示,当辐射井排渗管的淤堵程度达 50% 以上,渗流场浸润线将抬高极为显著,使得渗流浸润线埋深极浅,无法满足渗控要求。

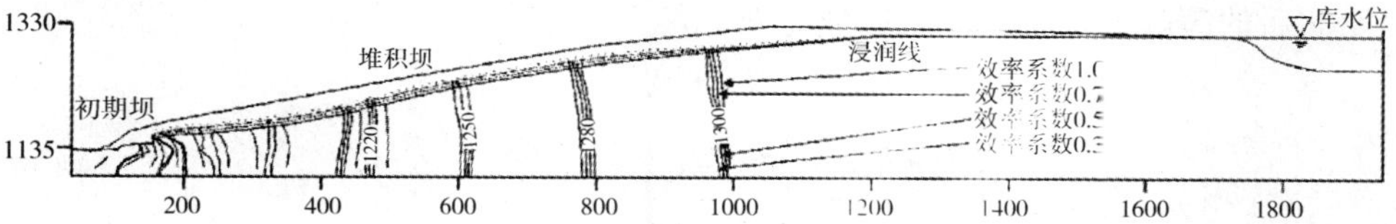

图 7-1　不同淤堵情况对浸润线的影响

计算分析表明:当辐射井排渗管工作效率低于 70% 时,浸润线明显抬高,务必引起该尾矿库管理部门的高度重视。通过采取疏通导水管或其他措施,以保证其排渗效率。对于该尾矿库来说,如排渗流量出现 20% 的幅度减少,应特别引起高度重视。

尾矿库坝体水土流失的主要的防治措施:①保证干滩长度;②降低坝体浸润线;③防止排水系统的堵塞。

7.4　库区渗漏水预测及防治措施

对于库区无不良地质条件的栗西尾矿库,库底岩体及周边厚山体渗漏量微小,库区渗漏基本为通过坝体和排洪隧洞的渗漏。

7.4.1　规划坝高时坝体渗流量预测

在规划坝高 195 m 时的三维渗流场计算分析的基础上,进行了渗流量计算及汇总,得到 3 组不同干滩长度下渗控计算分析的渗流量(见表 7-4)。

表 7-4　最终坝高(1 330 m)不同干滩长度运行渗流量

序号	组合情况	最终坝高渗流量(m^3/d)	备注
1	上游水位 1 321.0 m,干滩长度 800 m(当前排渗系统 +10 口辐射井)	21 282	排渗效率 1.0
2	上游水位 1 322.28 m,干滩长度 700 m(当前排渗系统 +10 口辐射井)	22 530	排渗效率 1.0
3	上游水位 1 323.28 m,干滩长度 150 m(当前排渗系统 +10 口辐射井)	30 782	排渗效率 1.0

计算表明:尾矿坝在不同干滩长度下渗流量由 21 282 m^3/d 显著增加到 30 782 m^3/d,

干滩长度对渗水量影响较大。

库区渗漏水防治措施[152]是对坝体渗水用截渗回水泵站 100% 回收，供生产循环使用。

7.4.2　排洪隧洞渗水量预测及防治措施

排洪隧洞也是尾矿库水土流失的重点防治部位，根据实测地质剖面和隧洞渗水长期观测资料，建立双重介质数学模型，预测尾矿坝升高后隧洞渗流稳定性[153]。

反演后的裂隙节理单元渗透系数分布见图 7-2。

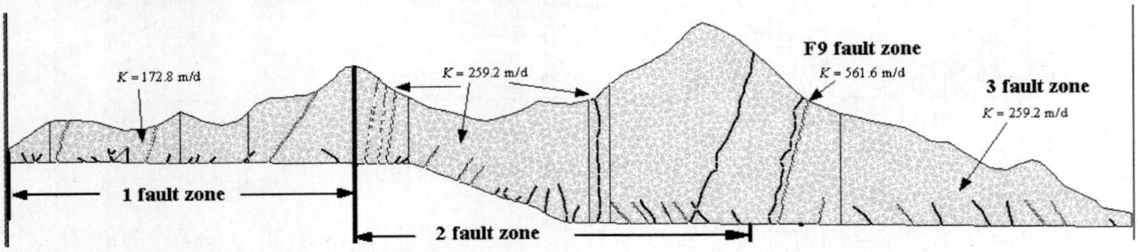

图 7-2　反演后的裂隙节理单元渗透系数分布

库水位 1 253.76 m 时，实测渗水量为 6 174.144 m^3/d，计算渗水量为 6 116.707 m^3/d，相对误差为 0.93%。运用校正好的裂隙岩体双重介质渗流数学模型进行预测：库水位达到规划标高 1 330 m，最大渗水量为 12 425.48 m^3/d，加固处理全衬砌后最大渗水量 7 862.486 m^3/d，隧洞不会出现管涌破坏现象。

治理措施：泄洪隧洞随着水位上升，渗流量也有明显增加，对泄洪隧洞库内段在设计上不设排水减压孔，对隧洞衬砌与围岩之间进行回填灌浆，对岩体裂隙进行固结灌浆，可显著减少库内渗水外排，节约水资源。

7.5　尾矿坝变形—渗流—离子迁移

尾矿库存在的重大的环境问题除扬尘、水土流失外，污染物离子迁移对环境的影响也愈来愈成为广大科研人员所关心的重大问题。本节主要论述尾矿坝固结变形—渗流—主要重金属离子的迁移问题[154]，评价尾矿坝环境影响及对策。

模型计算所需的基础数据及图 7-3 ~ 图 7-5 和表 7-3 ~ 表 7-5 如下描述。

尾矿坝变形—渗流—离子迁移耦合方程式为：

$$\frac{\partial c}{\partial t} = D\frac{\partial^2 c}{\partial z^2} + \frac{k_h}{n}\frac{\partial c}{\partial z}\left[\frac{\partial h_s}{\partial z} + \left(1 + \frac{D}{c_v}\right)\frac{\partial p}{\partial z}\right] \pm R \tag{7-4}$$

由于离子在多孔介质中运动存在吸附沉淀作用，则对流—弥散—吸附方程为

$$[n + (1 - n)\rho_d K_d]\frac{\partial c_f}{\partial t} = nD_e\frac{\partial^2 c_f}{\partial x^2} - [nv_{ft} + (1 - n)\rho_s K_d v_s]\frac{\partial c_f}{\partial x} \tag{7-5}$$

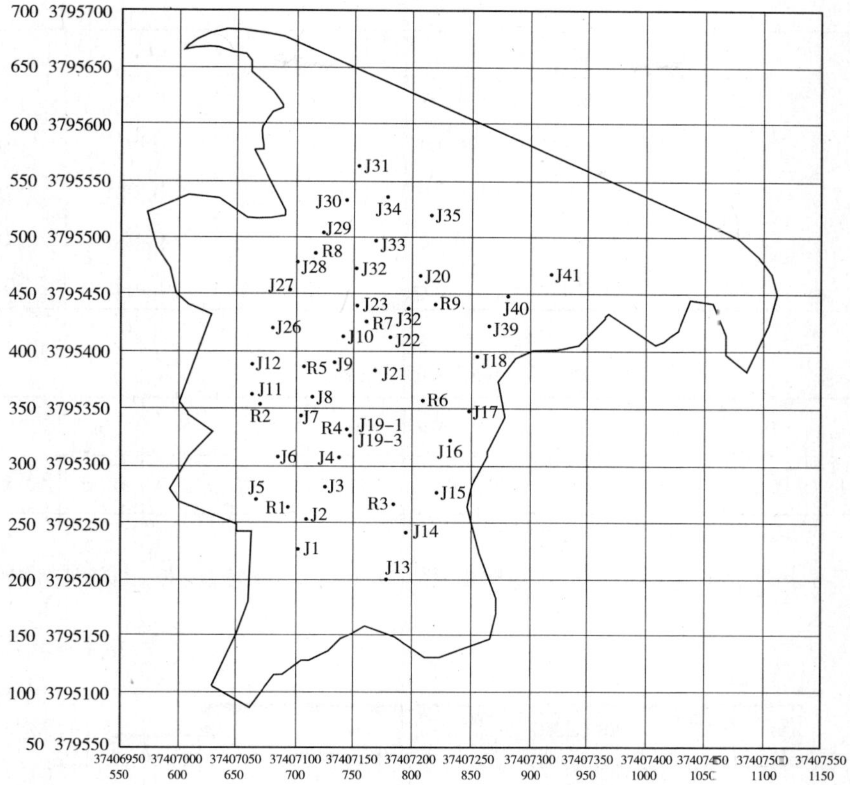

图 7-3　栗西尾矿坝内辐射井和勘探井的位置

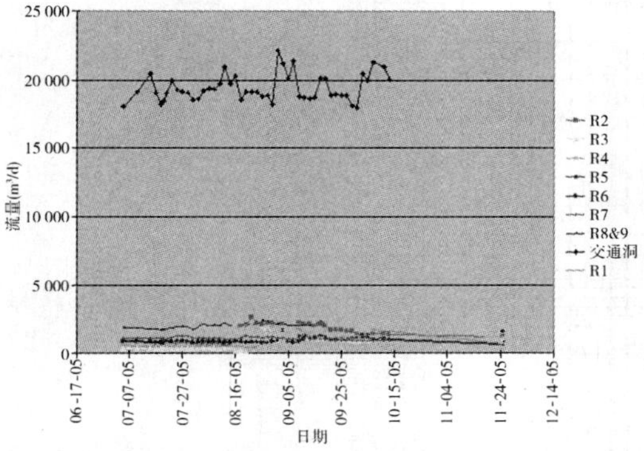

图 7-4　辐射井的流量(2005 年 6 ~ 12 月)

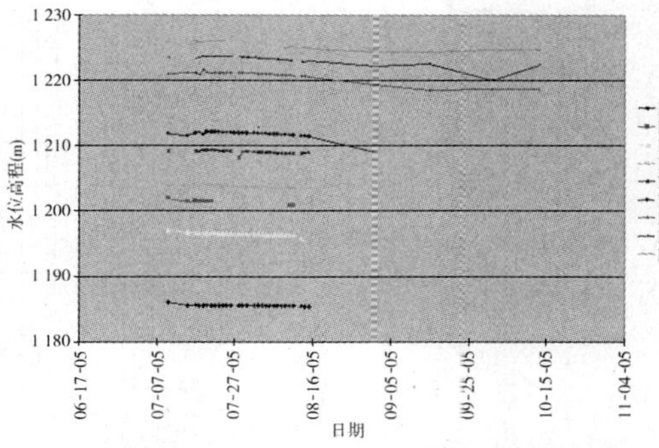

图 7-5　辐射井的水位观测值

表 7-5　尾矿坝体中主要元素　　(%)

元素	S_1	S_2	S_3	S_4	S_5	S_6
Ca	2.38	0.49	0.60	0.94	1.98	2.92
Cu	0.02	0.02	0.02	—	0.005	0.02
Fe	4.72	17.72	13.84	54.35	40.24	6.12

续表 7-5

元素	S_1	S_2	S_3	S_4	S_5	S_6
Mg	1.55	0.98	0.37	0.05	0.56	1.98
Mn	0.14	0.06	0.04	0.23	0.32	0.18
Mo	0.06	0.07	0.10	0.57	0.17	0.02
Ti	0.29	0.31	0.36	—	0.08	0.37
Zn	0.028	0.016	0.009	0.049	0.031	0.031

表 7-6　尾矿浆液中主要元素　（%）

Al	B	Be	Ca	K	Mg	Mn	Mo	Na	S	Si	Sr	Zn
0.47	0.11	0.16	146.5	29.84	14.58	0.43	2.3	80.98	172.9	0.78	12.85	0.007

从图 7-6 和图 7-7 可以看出，尽管尾矿库主要离子浓度较高，但尾矿坝内很少，几乎没有迁移。

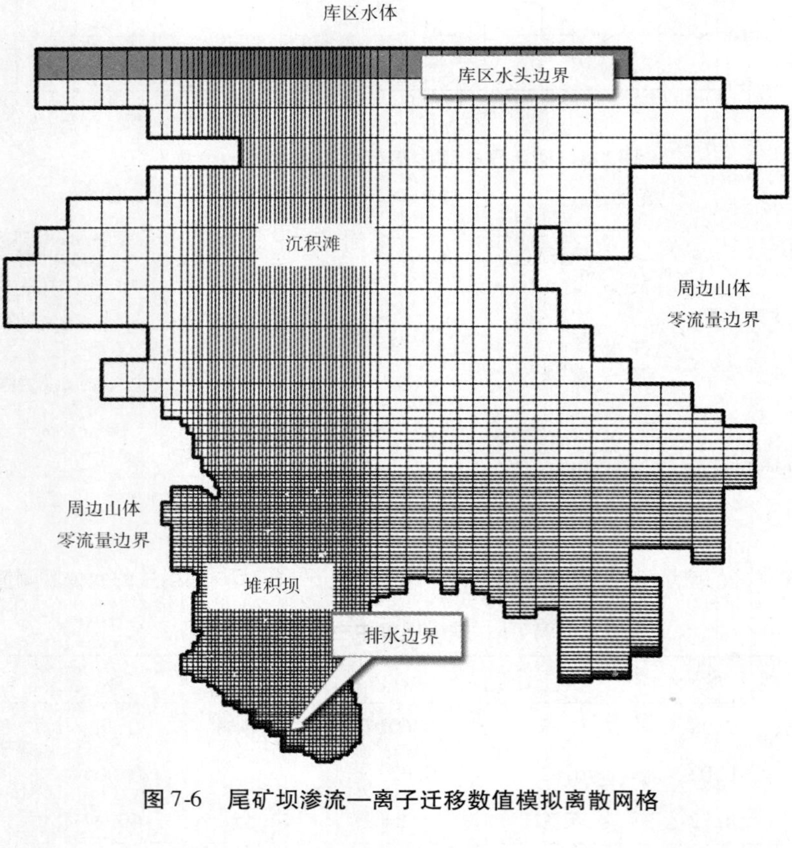

图 7-6　尾矿坝渗流—离子迁移数值模拟离散网格

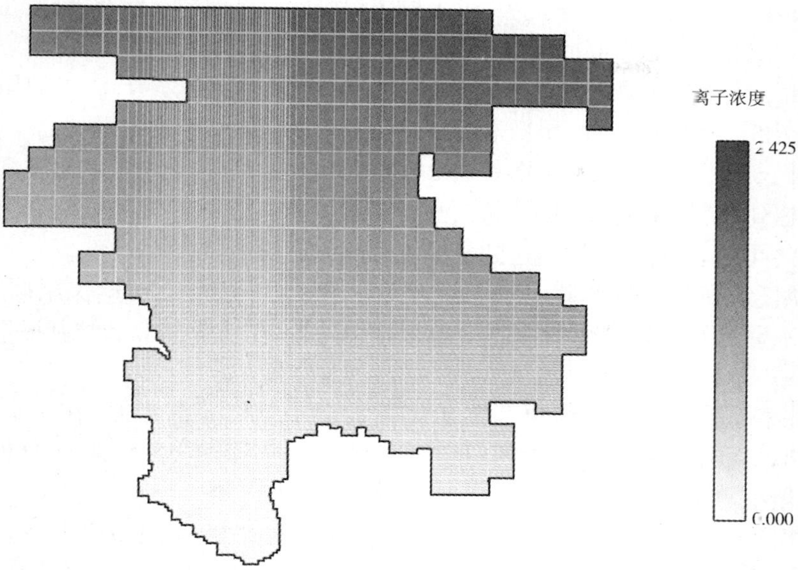

图 7-7　尾矿库和尾矿坝中主要离子分布　（单位：μg/L）

通过坝体溶滤主要离子浓度变得很低，不会造成对环境的影响。离子迁移主要参数见表 7-7。

表 7-7　离子迁移主要参数

参数	主要离子	来源
渗透系数	8.04 m/d	现场抽水试验
地面水国标	0.01 mg/L	中国Ⅱ地面水标准
尾矿库水体中实测钼的浓度	0.46 mg/L	2004 年 10 月尾矿库中采样
	0.535 mg/L	2005 年 5 月尾矿库中采样
	—	2005 年 11 月尾矿库中采样
	2.3 mg/L	尾矿浆液，2005 年 11 月
纵向弥散度	20 m	估计值
横向弥散度	2 m	估计值
孔隙率	0.45	实测
干密度	1 600 kg/m^3	实测
阻滞因子	0.4～400，平均为 3	室内试验

7.6 小　结

经过前面的研究分析，得出以下结论：

（1）尾矿坝以水力充填方式沉积形成，具有坝体复杂多样性及堆积坝随生产逐年上升、建设期长等特点，易产生水土流失，可采取工程措施及坝面覆土绿化，恢复生态防治坡面水土流失。沉积滩分段放矿，可防止滩面扬尘。

(2)预测二等尾矿库溃坝情况下的尾矿流失量约数千万立方米，流出的尾矿将覆盖下游数百米至数千米长的土地，尾矿水将影响数十千米至数百千米。

(3)干滩长度不足、排渗体的淤堵造成坝体浸润线过高是导致尾矿坝溃坝的主要影响因素。考虑到大型尾矿库干滩长的有利条件，需综合考虑增加排渗设施和干滩长度控制两种措施共同作用，使渗流控制达到最优组合的应用目的。

(4)排洪隧洞灌浆治理渗漏、坝体渗水经回水泵站回收利用，可确保尾矿库的安全，减少对下游水资源的污染，节约水资源，为高堆尾矿坝水土流失预测和控制提供有价值的参考。

(5)变形模拟结果显示，当栗西尾矿坝建设到 1 300 m 高程时，在垂向变形量为 2.508 m，变形结果使得孔隙水压力的增加小于 1 m，相对库水位增加 34 m，这种增加对离子迁移影响很小。

(6)当栗西尾矿坝建设到 1 300 m 高程时，按照现有控制方案，不会造成当地环境的负面效应。从离子迁移分析结果看，钼离子有所增加，但浓度很低，不会造成环境影响。

第8章　尾矿库安全技术与管理

8.1　概　述

尾矿库是金属与非金属矿山安全生产的重要环节，也是该领域的重大危险源之一，尾矿库的安全不仅决定着企业能否正常生产，而且还关系到下游及周边人民的生命财产安全。其一旦失事，将会给下游人民生命财产造成巨大损失，并给当地环境造成严重污染，并给当地的经济发展和社会稳定带来严重的负面影响。

尾矿库的安全[155]管理不仅涉及到勘察、设计、建设期，更重要的是涉及到生产运行管理期，直至闭库。

目前，我国小型尾矿库的数量巨大（四等及四等以下小型尾矿库占90%以上）、安全设计标准低、管理薄弱，尾矿库中非正常库比例较大。但在上游式建设高尾矿坝、尾矿坝排渗降水技术、岩溶地区尾矿库建设等方面处于领先水平。

美国等发达国家，在设计（防洪标准高、坝体安全系数高）、管理（堆积坝有专业的施工队伍）、监管（有专业机构、自动化监测技术高）等方面值得借鉴。

我国确立了"安全第一、预防为主、综合治理"的安全生产方针和"安全发展"的指导原则。为切实加强对尾矿库的安全监管，规范尾矿库安全管理行为，督促尾矿库生产经营单位切实落实安全生产主体责任，2006年重新修订并颁布了《尾矿库安全监督管理规定》和《尾矿库安全技术规程》（AQ 2006—2005），从技术、管理两方面规范了尾矿库的安全工作。

8.2　尾矿库的安全度

在2006年《尾矿库安全技术规程》（AQ 2006—2005）中，对尾矿库的安全度进行了新的修订，以后的发展趋势是提高小型坝体的安全系数和防洪标准。

参考国外尾矿库安全度分类并结合我国的实际，按照便于操作的原则，主要根据尾矿库防洪能力和尾矿坝坝体稳定性将尾矿库安全度划分为四级，即危库、险库、病库和正常库，其中危库、险库、病库归为非正常库。

8.2.1　危库

危库是指安全没有保障，随时可能发生垮坝事故的尾矿库。危库必须停止生产并采取应急措施。

尾矿库有下列工况之一的为危库：

（1）尾矿库调洪库容严重不足，在设计洪水位时，安全超高和最小干滩长度都不能满

足设计要求,将可能出现洪水漫顶;

(2)排洪系统严重堵塞或坍塌,不能排水或排水能力急剧降低;

(3)排水井显著倾斜,有倒塌的迹象;

(4)坝体出现贯穿性横向裂缝,且出现较大范围的管涌、流土变形,坝体出现深层滑动迹象;

(5)经验算,坝体抗滑稳定最小安全系数小于规定值的0.95;

(6)其他严重危及尾矿库安全运行的情况。

8.2.2 险库

险库是指安全设施存在严重隐患,若不及时处理将会导致垮坝事故的尾矿库。险库必须立即停产,排除险情。

尾矿库有下列工况之一的为险库:

(1)尾矿库调洪库容不足,在设计洪水位时安全超高和最小干滩长度均不能满足设计要求;

(2)排洪系统部分堵塞或坍塌,排水能力有所降低,达不到设计要求;

(3)排水井有所倾斜;

(4)坝体出现浅层滑动迹象;

(5)经验算,坝体抗滑稳定最小安全系数小于规定值的0.98;

(6)坝体出现大面积纵向裂缝,且出现较大范围渗透水高位出逸,出现大面积沼泽化;

(7)其他危及尾矿库安全运行的情况。

8.2.3 病库

病库是指安全设施不完全符合设计规定,但符合基本安全生产条件的尾矿库。病库应限期整改。

尾矿库有下列工况之一的为病库:

(1)尾矿库调洪库容不足,在设计洪水位时不能同时满足设计规定的安全超高和最小干滩长度的要求;

(2)排洪设施出现不影响安全使用的裂缝、腐蚀或磨损;

(3)经验算,坝体抗滑稳定最小安全系数满足规定值,但部分高程上堆积边坡过陡,可能出现局部失稳;

(4)浸润线位置局部过高,有渗透水出逸,坝面局部出现沼泽化;

(5)坝面局部出现纵向或横向裂缝;

(6)坝面未按设计设置排水沟,冲蚀严重,形成较多或较大的冲沟;

(7)坝端无截水沟,山坡雨水冲刷坝肩;

(8)堆积坝外坡未按设计覆土、植被;

(9)其他不影响尾矿库基本安全生产条例的非正常情况。

8.2.4　正常库

尾矿库同时满足下列工况的为正常库：

（1）尾矿库在设计洪水位时能同时满足设计规定的安全超高和最小干滩长度的要求；

（2）排水系统各构筑物符合设计要求，工况正常；

（3）尾矿坝的轮廓尺寸符合设计要求，稳定安全系数满足设计要求；

（4）坝体渗流控制满足要求，运行状况正常。

8.3　尾矿库安全评价

尾矿库的安全评价是对特定尾矿库存在的危险、有害因素进行的专项安全评价。

根据尾矿库工程的不同阶段，尾矿库安全评价分建设期间的安全预评价和安全验收评价、生产运行期间及闭库前的安全现状评价。

需要指出的是，尾矿库就其自然、生产、安全、环保和管理等条件而言，不可能完全相同，因此其存在的危险有害因素、评价结论和对策也应不尽相同。但当前尾矿库安全评价报告普遍存在一般化现象，评价报告具有很强的通用性，而缺少针对性，一个评价报告版本可用于多座尾矿库，不能反映或不能完全反映所评价尾矿库的特点，达不到安全评价的目的。这种尾矿库安全评价报告一般化的问题应尽快改变。

尾矿库安全评价前期应进行现场考察，查看地形地貌、不良地质现象、人文地理、周边环境等。安全验收评价还应查看工程施工情况，安全现状评价还应查看尾矿坝运行情况、排洪设施完好程度等。

企业应根据各项评价的目的和要求分别向评价单位提供以下资料：

（1）尾矿库现状地形图及上、下游有关资料；

（2）水文气象资料；

（3）尾矿库（坝）工程地质勘察报告；

（4）尾矿库安全设施设计资料；

（5）尾矿库安全实施施工资料；

（6）尾矿库运行管理（含安全管理、事故及其处理情况）资料；

（7）其他有关资料。

安全预评价报告的重点内容包括：

（1）库址的合理性，尾矿库与周边环境的相互影响；

（2）尾矿坝坝型选择的合理性；

（3）排洪系统布置的合理性及排洪能力的可靠性；

（4）尾矿库监测系统的完整性及可靠性；

（5）危险因素辨识及对策。

安全预评价报告的结论应包括：

（1）对尾矿库设计方案的安全性作出明确结论；

(2)提出尾矿库安全措施建议。

安全验收评价报告的重点内容包括:

(1)查看安全预评价在初步设计中的落实;

(2)是否有完备的经监理和业主确认的隐蔽工程记录;

(3)各单项工程施工参数与质量是否满足国家和行业规范、规程及设计要求。

安全验收评价报告的结论应包括:

(1)对工程是否满足安全要求作出明确结论;

(2)提出安全生产措施的补充建议。

安全现状评价报告的重点内容包括:

(1)尾矿库自然状况的说明及评价,包括尾矿库的地理位置、周边人文环境、库型、汇水面积、库底与周边山脊的高程、工程地质概况等;

(2)尾矿坝设计及现状的说明与评价,包括初期坝的结构类型、尺寸、尾矿堆坝方法、堆积标高、库容、堆积坝的外坡坡比、坝体变形及渗流、采取的工程措施等;

(3)根据勘察资料(或经验数据)对尾矿坝稳定性进行定量分析,说明采用的计算方法、计算条件,并给出计算分析评价结果;

(4)尾矿库防洪设施设计及现状的说明与评价,包括尾矿库的等别、防洪标准、暴雨洪水总量、洪峰流量、排洪系统的形式、排洪设施结构尺寸及完好情况等;

(5)复核尾矿库防洪能力及排洪设施的可靠性能否满足设计要求;

(6)当尾矿库防洪能力及排洪设施的可靠性或尾矿坝稳定性不能满足设计要求时,应进行必要计算,提出可行的对策;

(7)管理系统的完善程度及评价。

安全现状评价报告的结论应包括:

(1)尾矿坝稳定性是否满足设计要求;

(2)尾矿库防洪能力是否满足设计要求;

(3)尾矿库的安全度;

(4)尾矿库与周边环境的相互影响;

(5)安全对策。

安全评价报告应有附件和附图。附件包括任务委托书或评价委托合同、岩土勘察物理力学指标表和与安全评价有关的文件。附图包括尾矿库平面图、尾矿坝横剖面图、带有最危险滑弧位置的尾矿坝稳定计算简图及建议的尾矿库整治方案图等。

8.4 尾矿库安全技术管理

8.4.1 尾矿库建设

尾矿库建设一般包括项目可行性研究、勘察、设计、施工、竣工验收,还应包括生产过程中堆积坝的建设直至闭库。其中,可行性研究、勘察、设计、施工一般由建设单位委托有相应资质单位承担,生产期间堆积坝由建设单位承担。政府部门依法对可行性研究阶段的安全预评价、初步设计阶段的安全专项评价、项目竣工安全验收评价、生产运行期间及闭库前的安全现状评价进行监督管理。

8.4.1.1 尾矿库勘察

1)尾矿库勘察的目的

(1)从地质条件方面论证所选尾矿库库址的可行性。

(2)为拟建的建筑物提供设计所需的坝材及地基土的物理力学指标。必要时,需对地质不良地段提出治理措施的建议。

(3)对尾矿筑坝坝体进行勘察,为坝体稳定性分析提供坝体土层分布及各土层的物理力学性能等基础资料。

2)尾矿库勘察的内容

(1)初步设计阶段勘察。

勘察要求取得对这几个尾矿库库址的主要工程、水文地质条件进行评价的资料,对能影响场地取舍的不良地质问题作出明确的结论,以作为选定库址的依据。

(2)施工图设计阶段勘察。

施工图设计阶段勘察要求针对已选定库址取得建(构)筑物地基的稳定性、渗透性、压缩性等方面的资料,以作为建(构)筑物的设计依据。

(3)尾矿堆积坝的中期勘察。

查明尾矿堆积体的土层组成、分布、密实程度;查明尾矿堆积体的物理力学性质;查明尾矿堆积体在勘察期间浸润线的位置;查明影响稳定性的不利因素,并提出相应的工程治理措施建议。

8.4.1.2 尾矿库设计

(1)尾矿库库址选择应遵守以下原则:

①不宜位于工厂企业、大型水源地、水产基地和大型居民区上游;

②不宜位于全国和省重点保护名胜古迹的上游;

③应避开地质构造复杂、不良地质现象严重区域;

④不宜位于有开采价值的矿床上面;

⑤汇水面积小、有足够的库容及初、终期库长。

(2)尾矿库设计应对不良地质条件采取可靠的治理措施。

(3)对停采的露天采矿场改做尾矿库的,应对安全性进行专项论证;对露天采矿场下部有采矿活动的,不宜作为尾矿库。确需用时,应由有资质的单位进行专项论证,并提出安全技术措施,在保证地下采矿安全时,方可使用。

(4)尾矿库设计文件应明确下列安全运行控制参数:

①尾矿库设计最终堆坝高程、最终坝体高度、总库容;

②尾矿坝堆积坡比;

③尾矿坝不同堆积标高时,库内控制的正常水位、调洪高度、安全超高及最小干滩长度等;

④尾矿坝浸润线控制。

(5)尾矿库初步设计应编制安全专篇,主要内容为:

①尾矿库存在的安全隐患及对策；

②尾矿库初期坝和堆积坝的稳定性分析；

③尾矿库动态监测和通信设备配置的可靠性分析；

④尾矿库的安全管理要求。

8.4.1.3 尾矿坝设计

尾矿坝宜采用滤水坝为初期坝，利用尾矿筑坝。当遇有下列条件之一时，可以采用当地土石料或废石建坝：

(1)尾矿颗粒很细、黏粒含量很大，不能筑坝；

(2)由尾矿库后部放矿合理；

(3)尾矿库与废石场结合考虑，用废石筑坝合理。

初期坝高度的确定除满足初期坝堆存尾矿、澄清尾矿水、尾矿库回水和冬季放矿要求外，还应满足初期调蓄洪水要求。

坝基处理应满足渗流控制和静动力稳定要求。遇有下列情况时，应进行专门研究处理：

(1)透水性较大的厚层砂砾石地基；

(2)易液化土、软黏土和湿陷性黄土地基；

(3)岩液发育地基；

(4)采空区地基。

尾矿筑坝的方式，对于抗震设防烈度为Ⅶ度及Ⅶ度以下地区宜采用上游式筑坝，对抗震设防烈度为Ⅷ～Ⅸ度地区宜采用下游式或中线式筑坝。

上游式筑坝，中、粗尾矿可采用直接冲填筑坝法，尾矿颗粒较细时宜采用分级冲填筑坝法。

8.4.1.4 尾矿库排洪设计

尾矿库必须设置排洪设施，并满足防洪要求。尾矿库的排洪方式，应根据地形、地质条件、洪水总量、调洪能力、回水方式、操作条件与使用年限等因素，经过技术比较确定。尾矿库宜采用排水井(斜槽)—排水管(隧洞)排洪系统。有条件时，也可采用溢洪道或截洪沟等排洪设施。

8.4.1.5 尾矿设施施工及验收

(1)尾矿库初期坝、副坝、排洪设施、观测设施等安全设施的施工及验收必须遵循《尾矿设施施工及验收规程》(YS 5418—95)。

(2)隐蔽工程必须经分段验收合格后，方可进行下一阶段施工。

8.4.1.6 尾矿库生产期间堆积坝建设

堆积坝建设是整个尾矿坝建设的重要阶段，一般长达几年或数十年，建设单位必须严格按《尾矿库安全技术规程》(AQ 2006—2005)、《尾矿库安全管理规定》等相关规程执行，确保尾矿坝安全。

8.4.2 安全检查

尾矿库安全检查的目的在于及时发现安全隐患，以便及时处理，避免隐患扩大，防患于未然，这是防止尾矿库事故发生的重要措施，是“安全第一，预防为主，综合治理”方针的体现。尾矿库安全检查是企业安全生产管理的一项重要内容，也是各级安全生产监督部门的责任。

安全检查分为日常安全检查（含日常巡视）、定期安全检查、特殊安全检查和安全评价4级。

尾矿库安全检查包括防洪安全检查、尾矿坝安全检查、库区安全检查三种，具体检查办法见《尾矿库安全技术与管理》。

8.4.3 安全运行

为了保证尾矿库的安全运行，必须做好以下几点：

(1)建立健全尾矿设施安全生产管理制度；对从事尾矿库作业的尾矿工进行专门的作业培训，并监督其取得特种作业人员操作资格证书和持证上岗的情况。

(2)编制应急救援预案，并组织相关人员进行演练。

(3)严格按照设计要求和作业计划组织尾矿排放及筑坝，并作好相关记录。

(4)做好尾矿库水位控制与防汛以及渗流控制工作。

(5)做好尾矿库的防震与抗震工作。

(6)尾矿库下游不宜建设居住、生产等设施，严禁在尾矿坝上和库区周围进行乱采、滥挖和非法爆破等。

8.5 小　结

我国正处于尾矿坝建设的快速增长期，“以人为本，安全第一”已成为全民共识，只有严格按照建设程序论证、勘察、设计、施工，进行规范、科学管理，积极解决实际工程存在的问题[156]，才可以保证尾矿坝的安全。

在快速发展的今天，尾矿库的安全、环保、技术支撑还赶不上工程发展规模和速度的需求。应结合实际工程，依托“产、学、研”相结合的创新平台。

加强交流、协作、积极借鉴相关学科成果，充分发挥学科交叉优势；鼓励设计、科研和生产管理人员去探索、研究并付诸实践，再从实践中总结提高，就可以将我国尾矿坝技术及实践推上一个更高的水平。

参 考 文 献

[1] 祝玉学. 关于尾矿库工程中几个问题的讨论[J]. 金属矿山,1998(10):7-10.

[2] 田文旗,等.《尾矿库安全技术与管理》[M]. 北京:煤炭工业出版社,2006.

[3] AQ 2006—2005 尾矿库安全技术规程 [S]. 北京:中国标准出版社,2006.

[4] 徐宏达. 我国尾矿库病害事故统计分析[J]. 工业建筑,2001(1):69-71.

[5] C. 斯特拉牵. 尾矿坝的运行特征[J]. 矿物加工,2002(4):36-42.

[6] ICOLD. Bibiography mine and industrial tailings dams and dumps[J]. Committee on Mine and Industrial Tailings dams Bulletin 44a, ICOLD, 1989.

[7] ICOLD. Tailings dam safety guidelines[J]. Bulletin 74, ICOD, 1989.

[8] ICOLD. Manual on tailings dams and dumps[J]. Committee on Mine and Industrial Tailings Dams. Bulletin 45, ICOLD, 1982.

[9] Martin T E, Davies M P. Trends in the stewardship of tailings dams [J]. Tailings and Mine Waste'00, Fort Colins, CO, Ballema, 2000:393-407.

[10] USCOLD. Tailings Dam Incidents[J]. Committee on Tailings Dams. USCOLD, 1994.

[11] UNEP. Euvironmental and safety incidents concerning tailings dams at mines [J]. Based on survey conductedby Mining Journal Research Services for UNEP, 1996.

[12] Vick S G. Planning, Design and Analysis of Tailings Dams[M]. John Wiley and Sons, New York, reprinted 1990, BiTech Publishers, Vancouver, 1983.

[13] Vick S G. Tailings dams safety - Implications for the safety community[J]. Proceedings, Tailings dams, 2000, Association of State Dam Safety Officials, Las Vegas, NV, 2000, March 28-30:1-2.

[14] Davies, Martin T, Lighthall P. Mine tailings dams: When things go wrong[J]. Proceedings, Tailings dams 2000, Association of State Dam Safety Officials, Las Vegas, NV, 2000 March 28-30:261-273.

[15] 郭振世,仵彦卿. 尾矿坝水土流失预测及控制研究[J]. 水土保持学报,2009(4):59-63.

[16] 韩利民,等. 中国有色金属尾矿库概论[R]. 中国有色金属工业总公司,1992.

[17] 肖耀华,黄传胜. 大型尾矿库稳定性勘察施工——江西德兴铜矿Ⅱ号尾矿库勘察实录[J]. 岩土工程界,1997 (4):63-65.

[18] 刘哲君,等. 中国尾矿坝地震安全度(4)——大石河尾矿坝的现场工程勘察[J]. 工业建筑,1994(9):51-53.

[19] 辛鸿博,王余庆. 中国尾矿坝地震安全度(9)——大石河尾矿粘性土的动力变形和强度特征[J]. 工业建筑,1995(2):38-42.

[20] 辛鸿博,Finnw. D. Liam. 1976 年大石河尾矿坝地震反应分析[J]. 岩土工程学报,1996(4):51-59.

[21] C. C. 卡梅什尼克,等. 伦维矿冲集体密度随时间的变化[J]. 国外金属矿山,1989(1):80-82.

[22] 曹净,等. 攀钢马家田尾矿库化学固结机理初探[J]. 桂林理工学院学报,2000,20(2):147-150.

[23] 曹净. 尾矿砂土渗透系数与其埋深之间的关系分析[J]. 广西大学学报,2001,26(3):219-221.

[24] 于孔志. 新近堆积砂土的工程性质与岩土工程勘察应注意的问题[J]. 岩土工程界,1997(02):117-120.

[25] 胡高社,等. 栗西尾矿坝坝体材料物理力学性质及其渗透性能测试报告[R]. 长安大学,1998.

[26] Terzaghi K. Principles of soil mechanics: IV; settlement and consolidation of clay[J]. Erdbaummechanic, 1925, 95(3): 874-878.

[27] Biot MA. General theory of three - dimensional consolidation[J]. Journal of Applied Physics, 1941(12): 155-165.

[28] Zienkiewicz OC, Shiomi T. The generalized Biot formulation and its numerical solution. Int. J. for Numerical and Analytical in Geomechanics[J]. Dynamic behaviour of saturated porous media, 1984(8):71-96.
[29] 李锡夔,等. 考虑固结效应的结构 – 土壤相互作用分析及其有限元解[J]. 计算结构力学及其应用,1990,7(3):1-11.
[30] Fredlund R. Soil mechanics for unsaturated soil[J]. New York: Wiley and Sons Inc, 1993.
[31] Alonso EE, et al. A constitutive model for partially saturated soils[J]. Geotechnique, 1990, 40(3):405-430.
[32] 陈正汉. 非饱和固结的混合理论(1)[J]. 应用数学和力学,1993(2):127-137.
[33] 陈正汉. 非饱和固结的混合理论(2)[J]. 应用数学和力学,1993(8):687-698.
[34] 杨代泉. 非饱和土二维广义固结数值模型[J]. 岩土工程学报,1992,14(9):23-28.
[35] 柳厚祥,等. 尾矿坝二维固结稳定渗流分析[J]. 矿冶工程,2002,22(4):8-14.
[36] 尹光志,等. 龙都尾矿库地下渗流场的数值模拟分析[J]. 岩土力学,2003,24(增刊):25-28.
[37] 赵坚,等. 尾矿库地质剖面概化及其对渗流场计算的影响[J]. 金属矿山,2003(12):24-27.
[38] 陈章友,等. 尾矿坝固结渗流的分析模型和计算方法研究[J]. 工程设计与建设,2004,36(2):8-11.
[39] 柳厚祥,李宁,等. 考虑应力场与渗流场耦合的尾矿坝非稳定渗流分析[J]. 岩石力学与工程学报,2004,23(17):2870-2875.
[40] HM, Idriss, I. M, Beikae, M. User's Manualfor QUAD4M A Computer Program To Evaluate The Seismic Response of Soil Structures Using Finite Element Procedures and Incorporating a Compliant Base [J]. Department of Civil & Environmental Engineering, University of California Davis, 1994.
[41] Idriss, I. M, Sun J. User's Manual for SHAKE91A Computer Program For Conducting Equivalent Linear Seismic Response Analyses of Horizontally Layered Soil Deposits[J]. Department of Civil & Environmental Engineering, University of California Davis, 1992.
[42] Huang W X. Investigation on stability of saturated sand foundations and slopes against Liquefaction [J]. Proceedings of the fifth International Conference of Soil Mechanics and Foundation Engineering: Vol. 2. Paris, 1961:629-631.
[43] 汪闻韶. 饱和砂土振动孔隙水压力试验研究[J]. 水利学报,1962 (2):8-11.
[44] 汪闻韶. 饱和砂土振动孔隙水压力的产生、扩散和消散[C]//第一届土力学及基础工程学术会议论文选集. 北京:建筑工业出版社,1964.
[45] 徐志英,沈珠江. 地震液化的有效应力二维动力分析方法[J]. 华东水利学院学报,1981(3):1-14.
[46] 魏汝龙. 往复荷载下饱和砂土的抗液化强度和孔隙压力[R]. 南京水科院研究报告,编号7812,1978.
[47] Finn W D L, Lee K W, Martin G R. An Effective Stress Model for Liquefaction[J]. JGED, 1977, 103(6):517-534.
[48] Chang C S. Residual pore pressure and deformation Behavior of Soil samples under Variable Cyclic Loading[J]. Proceedings of International Conference on Recent Advances in Geotechnical Earthquake Engineering and soil Dynamics, 1981.
[49] 石桥,等. 孔隙水压力上升机理与土的液化[C]//地基基础译文集:第1集. 北京:中国建筑工业出版社,1979.
[50] 王志良,王余庆,韩靖宇. 不规则循环荷载作用下土的粘弹塑性模型[J]. 岩土工程学报,1980(3):10-20.

[51] 何广讷. 砂土振动孔隙水压力的研究[J]. 水利学报,1983(3):49-54.
[52] 沈珠江. 一个计算砂土液化变形的等价粘弹性模式[R]. 南京水科院研究报告.
[53] Ishihara, et al. Undrained Deformation and Liquefaction of Sand Under Cyclic Stress [J]. Soil and Foundation. 1975, 15(1).
[54] 谢定义,张建民. 往返荷载下饱和砂土强度变形瞬态变化的机理[J]. 土木工程学报,1987,20(3): 57-70.
[55] 谢定义,张建民. 周期荷载下饱和砂土瞬态孔隙水压力的变化机理与计算模型[J]. 土木工程学报,1990,23(2):51-60.
[56] 谢定义,张建民. 饱和砂土瞬态动力学特性与机理分析[M]. 西安:陕西科学技术出版社,1995.
[57] 李鸿儒,胡再强,陈存礼,等. 金堆城尾矿坝加高方案数值模拟及稳定性分析[J]. 岩土力学,2008(11).
[58] Seed H B, Idriss I M. Simplified Procedure for Evaluatings Soil Liquefaction Potential[J]. Journal of the Soil Mechanics and Foundations Division, ASCE, 1971, 97(SM9).
[59] Seki K, Miyazaki T, Nakano M. Effects of microorganisms on hydraulic conductivitu decrease in infiltration [J]. European journal of soil science, 1998, 49: 231-236.
[60] Mansur C I, Postol G, Sally J R. Performance of Relief Well Systems along Mississippi River Levees [J]. Journal of Geotechnical and Geoenvironmental Engineering, 2000, 126 (8): 727-738.
[61] 孔丽丽,陈守义. 武山尾矿坝无纺土工织物滤层化学淤堵问题初探[J]. 岩土工程学报,1999,21(4):444-449.
[62] VanGulck J F, Rowe R K. Evolution of clog formation with time in columns permeated with synthetic landfill leachate[J]. Journal of Contaminant Hydrology, 2004, 75:115-139.
[63] 栗西尾矿坝工程地质勘察报告[R]. 马鞍山地质工程勘察院,2006.
[64] 速宝玉,詹美礼,郭振世,等. 金堆城栗西尾矿坝三维渗流控制研究[R]. 河海大学,金堆城钼业集团有限公司,2006.
[65] 仵彦卿,郭振世,武君,等. 金堆城栗西尾矿坝渗流与动力稳定耦合分析研究报告[R]. 上海交通大学,2006.
[66] 速宝玉,等. 龙滩 RCC 渗流特性试验研究(96 - 220 - 01 - 02 - 01(3))[J]. 河海大学学报,1999.
[67] 速宝玉,朱岳明. 不变网格确定渗流自由面的节点虚流量法[J]. 河海大学学报,1991,19(5).
[68] 吴梦喜,等. 有自由面渗流分析的虚单元法[J]. 水利学报,1994(8).
[69] 速宝玉,沈振中,等. 基于变分不等式理论的渗流有限元截止负压法[J]. 水利学报,1995(5).
[70] 李祖贻,等. 以沟代井列的计算方法[J]. 水利学报,1990.
[71] 关锦荷,等. 用排水沟代替排水井列的有限单元法分析[J]. 水利学报,1984(3).
[72] 毛昶熙. 渗流计算分析与控制[M]. 北京:水利电力出版社,1990.
[73] 速宝玉,詹美礼. 官地电站坝体、坝基地下厂房洞室群三维渗流控制优化分析研究[R]. 河海大学,1997.
[74] 速宝玉,詹美礼,等. 小湾电站坝基地下厂房洞室群三维渗流控制优化分析研究[R]. 河海大学,1999.
[75] 速宝玉,詹美礼,等. 水工渗流分析[M]. 南京:河海大学出版社,1998.
[76] 速宝玉,詹美礼,等. 糯扎渡混凝土重力坝坝体坝基三维渗流分析[R]. 河海大学水电学院,1998(10).
[77] 詹美礼,速宝玉. 灌浆参数优化设计分析及理论探索[J]. 水力发电,1998 (2):34-36.
[78] Zhan mei - li, Su bao - yu. Model experiment research on cross fracture flow[J]. Jouranl of Hydrodynam-

ics. 1998 (2):44-53.

[79] 詹美礼,速宝玉．碾压混凝土层(缝)面渗流分析的界面元方法[J]. 水电站设计,1999,15(2):33-37.

[80] Zhan mei - li,Su bao - yu. New method of simulating concentrated drain holes in seepage control analysis [J]. Journal of Hydrodynamics . 1999(3):27-35.

[81] 詹美礼,速宝玉．渗流控制分析中密集排水孔模拟的新方法[J]. 水力发电. 2000 (4):36-39.

[82] 胡再强,仵彦卿,陈存礼,等．金堆城栗西尾矿坝静、动力稳定性研究[R]. 西安理工大学,2006 .

[83] 胡再强,仵彦卿,郭振世,等．金堆城栗西尾矿坝尾砂静动力特性试验研究报告[R]. 西安理工大学,2006 .

[84] 栗西尾矿坝加高扩容工程场地地震安全性评价工作报告[R]. 陕西大地地震工程勘察中心,2006.

[85] 仵彦卿,武君,郭振世,等．尾矿坝化学淤堵机理与过程模拟研究[D]. 上海交通大学,2008.

[86] 张爱军,董为民,骆亚生．尾矿坝排水管的反滤、淤堵试验研究[J]. 防渗技术,2001,7(1):1-3.

[87] Fuchs S,Hahn H H,Roddewig J,et al. Biodegaradation and bioclogging in the unsaturated porous soil beneath sewer leaks[J]. Acta hydrochimica et hydrobiologica,2004,32(4-5): 277-286.

[88] Rinck - Pfeiffer S,Ragusa S,Sztajnbok P,et al. Interrelationships between biological,chemical and physical processes as an analog to clogging in aquifer storage and recovery (ASR) wells[J]. Water Research,2000,34(7): 2110-2118.

[89] 肖振舜,汪在芹．减压井灌淤堵机理的物理化学试验研究[J]. 水利学报,1994(3):19-25.

[90] 张家发,吴志广,许季军,等．安庆江堤现有减压井运行效果初步分析[J]. 长江科学院院报,2000,17(4):38-40.

[91] Schultz G,Ruppel C. Constraints on hydraulic parameters and implications for groundwater flux across the upland - estuary interface[J]. Journal of hydrology,2002,260: 255-269.

[92] Volkenborn N,Hedtkamp S I C,Van Beusekom J E E,et al. Effects of bioturbation and bioirrigation by lugworms (Arenicola marina) on physical and chemical sediment properties and implications for intertidal habitat succession[J]. Estuarine,Coastal and Shelf Science,2007,74(1-2): 331-343.

[93] Corcoran B W,Bhatia S K. Evaluation of geotextile filter in a collection system at Fresh Kills landfill. In: Bhatia,S. S. ,Suits,L. D. (Eds.),Recent Developments in Geotextile Filters and Prefabricated Drainage Geocomposites[J]. American Society for Testing and Materials,ASTM STP 1281,1996,182-195.

[94] Palmeira E M,Gardoni M G. Drainage and filtration properties of non - woven geotextiles under confinement using different experimental techniques[J]. Geotextiles and Geomembranes,2002,20: 97-115.

[95] 崔中兴,王志刚．土工织物滤层的 P - K 与淤堵试验研究[J]. 西北水资源与水工程,1995(3):36-39.

[96] 段祥宝,毛昶熙,吴文君．江边电排站渠底滤层淤堵破坏及加固研究[J]. 岩土工程学报,2000,22(1):123-126.

[97] Iliuta I,Larachi F. Modeling simultaneous biological clogging and physical plugging in trickle - bed bioreactors for wastewater treatment[J]. Chemical Engineering Science,2005,60(5): 1477-1489.

[98] Magnico P. Impact of dynamic processes on the coupling between fluid transport and precipitate deposition [J]. Chemical Engineering Science,2000,55: 4323-4338.

[99] Bear. J. 多孔介质流体动力学[M]. 李竞生,陈崇希,译. 北京: 中国建筑工业出版社,1983.

[100] 薛禹群．地下水动力学原理[M]. 北京:地质出版社,1986.

[101] 仵彦卿．多孔介质污染物迁移动力学[M]. 上海:上海交通大学出版社,2007.

[102] McWhorter D,Sunada D,Littleton,et al. Groud - Water Hydrology and Hydraulics[J]. Water Resources

Publications, 1977.

[103] Freeze R A, Cherry J. Groudwater[M]. Prentice – Hall. Englewood Cliffs, New Jersy, 1979.

[104] Wang C Y, Wang C H, Kuo C H. Temporal change in groundwater level following the 1999 Chi – Chi earthquake[J]. Taiwan. Geofluids, 2004, 4: 210-220.

[105] Engard B R, McElwee C D, Devlin R, et al. Hydraulic tomography and high – resolution slug testing to determine hydraulic conductivity distributions – Year 2 (Annual Report, SERDP – Strategic Environmental Research and Development Program Project # ER1367)[R]. The University of Kansas Department of Geology, 2006.

[106] Chen B M, Kojouharov H V. Accurate numerical simulation of biobarrier formation in porous media [J]. Proceedings of the 1998 Conference on Hazardous Waster Research, 1998, 224-240.

[107] 王维萃．兰亭尾矿库的综合治理与扩容改造[J]．中国矿业,1994,13(4):36-38.

[108] 贺金刚,郭振世．延长尾矿库服务年限的途径[J]．中国钼业,2008(6):12-14.

[109] 徐政,等．黄家沟尾矿库增容可行性研究[R]．西安有色冶金设计研究院,2002.

[110] 于耀国,等．本钢南芬选矿厂小庙沟尾矿库后期增容及闭库初步设计说明书[R]．鞍山冶金设计研究院,1998.

[111] 裘家骙,等．铁坑铁矿尾矿库筑坝稳定性分析及加高扩容可行性研究[J]．金属矿山,1990(4):41-46.

[112] 于俊华,等．南钢集团冶山铁矿尾矿库增容方案设计书[R]．北京有色冶金设计研究总院,2000.

[113] 王树．加筋土坝在孟家冲尾矿库加高工程中的应用[J]．冶金矿山设计与建设,2001,33(4):24-28.

[114] 黄经原．尾矿筑坝工艺和理论发展探讨[J]．湖南科技大学学报,1986,2(2).

[115] 陈守义．浅议上游法细粒尾矿堆坝问题[J]．岩土力学,1995,16(3):70-75.

[116] 战勋友．御驾泉尾矿库使用现状与发展方向[J]．金属矿山,1992(11):34-39.

[117] 王柏纯,等．中线法筑坝加高改造技术[J]．中国矿业,1994,13(4):39-42.

[118] 王柏纯,等．采用中线法筑坝工艺实现尾矿库大幅扩容[J]．矿业快报,2002(17):18-20.

[119] 尹光志,魏作安,许江,等．细粒尾矿及其堆坝稳定性分析[M]．重庆:重庆出版社,2004.

[120] 裘家骙,等．齐大山铁矿尾矿筑坝技术试验研究[J]．矿业工程,1991(4):11-15.

[121] Cooke H G, Mitchell J K. Evaluation and selection of liquefaction mitigation measures for existing bridges. Proc. Seismic risks and solutions for highways and bridges in the central and eastern United States [J]. Mid – America highway seismic conference, Feb. 28 – Mar. 3, 1999.

[122] JGS. Soils and foundations – special issue on geotechnical aspects of the January 17, 1995 Hyogoken – Nam bu earthquake[J]. Japanese society geotechnique engineering, 1996.

[123] Shenthen T. Liquefaction mitigation in silty soils using stone columns supplemented with wick drains: [dissertation]. New York: State university of New York at Buffalo, 2005.

[124] Nashed R. Liquefaction mitigation of silty soils using dynamic compaction: [dissertation]. State university of New York at Buffalo, 2005.

[125] 王余庆．尾矿坝抗震鉴定与加固[M]．北京:地震出版社,1989.

[126] 黄春霞,张鸿儒,隋志龙．碎石桩复合地基的抗液化特性探讨[J]．工程地质学报,2004,12(2):148-154.

[127] Ishihara S, Kawase Y, Nakajima M. Liquefaction characteristics of sand deposits at an oil tank site during the 1978 Miyagiken – oil earthquake[J]. Soil and foundations, 1980, 20(2):97-111.

[128] Mitchell J K, Baxter C D P, Munson T C. Performance of improved ground during earthquakes. Soil im-

provement for earthquake hazard mitigation[J]. ASCE geotedhnixal special publication No. 49, 1995: 1-36.

[129] Seed H B, Booker J R. Stabilization of potentially liquefiable sand deposits using gravel drains [J]. Journal of the Geotechnical Engineering Division, ASCE, 1997, 103(7): 757-768.

[130] Baez J I, Martin G R. Advances in the design of vibro systems for the improvement of liquefaction resistance. P roceeding of the Symposium on Ground Improvement[J]. Vancouver Geotechnical Society, Vancouver, B. C., Canada, 1993.

[131] Luehring R, Stevens M, Snorteland N, et al. Liquefaction mitigation of silty dam foundation using vibro-stone columns and drainage wicks: a case history at salmon lake dam[J]. The Future of Dams and Their Reservoirs, 21stUSSD Annual Meeting and Lecture Proceedings, USSD, 2001.

[132] 徐志英. 砂井内设置砾石排水桩抗地震液化的分析与计算[J]. 勘察科学技术, 1985(1): 1-7.

[133] Adailer K, Elgamal A, Meneses J, et al. Stone columns as liquefaction countermeasure in non-plastic silty soils[J]. Soil Dynamics and Earthquake Engineering, 2003(23): 571-584.

[134] Baez J I, Martin G R. Quantitative evaluation of stone column technique for earthquake liquefaction mitigation[J]. 10th word conference on earthquake engineering, Roteerdam, 1992: 1477-1483.

[135] 邓建国. 碎石桩复合地基液化判别方法的探讨[J]. 工程勘探, 1999, (2): 5-7.

[136] 邱钰, 黄卫, 刘松玉. 干振碎石桩处理高速公路液化地基效果分析[J]. 公路交通科技, 2000, 17(4): 19-21.

[137] 林本海, 谢定义. 复合基地的液化检验理论及其应用[M]. 北京: 中国水利水电出版社, 1999.

[138] 徐日庆, 等. 土工合成材料应用技术[M]. 北京: 化学工业出版社, 2005.

[139] 中国建筑史编写委员会. 中国建筑简史(第一册)[M]. 北京: 中国建筑工业出版社, 1999.

[140] 中国大百科全书总编辑委员会 - 土木工程编辑委员会. 中国大百科全书: 土木工程[M]. 北京: 中国大百科全书出版社, 1987.

[141] Schdosser F, Long N T. Recent resule in French research on reinforced earth[J]. Journal of the Constrnction Division, ASCE, 1974, 100(3): 223-237.

[142] 陈忠达. 公路挡土墙设计[M]. 北京: 人民交通出版社, 1999.

[143] 杜运兴. 预应力 CFRP 加筋土技术的应用与研究[D]. 湖南大学, 2003: 1-9.

[144] 王凤江. 加筋尾矿砂的三轴试验研究[J]. 辽宁工程技术大学学报, 2003, 22(5): 618-620.

[145] 孔宪京, 邹德高, 邓学晶, 等. 高土石坝综合抗震措施及其效果的验算[J]. 水利学报, 2006, 37(12): 1489-1495.

[146] 刘浩吾, 王雪松. 论土石坝的新型结构——加筋堆石坝[J]. 水利水电技术, 2000, 31(4): 19-21.

[147] Rico M, Benito G, D'iez2Herrero A. Floods from tailings dam failures [J] Journal of Hazardous Materials, 2008, 154: 79-87.

[148] 郭振世, 贺金刚, 等. 金堆城栗西沟尾矿库延长服务年限及环境保护研究报告[R]. 西安: 金堆城钼业集团公司, 2006.

[149] 郭振世, 仵彦卿, 詹美礼, 等. 高堆尾矿坝堆积特性及三维渗流数值分析研究[J]. 水土保持通报, 2009, 29(3): 188-192.

[150] 谢永生, 吕惠明, 张汉雄, 等. 栗西沟尾矿库延长服务年限项目水土保持方案报告书[R]. 陕西杨凌: 中国科学院水利部水土保持研究所, 2006.

[151] 王涛, 郭振世, 等. 层次分析法(AHP) 在尾矿库安全运行分析中的应用[J]. 岩土力学, 2008, 29(11): 680-686.

[152] 仵彦卿, 郭振世, 贺金刚. 栗西尾矿库永久排洪隧洞渗流稳定性评价及预测分析[R]. 上海: 上

海交通大学,金堆城钼业集团股份有限公司,2007.

[153] 郭振世,贺金刚. 栗西尾矿坝漏砂治理技术研究与实践[J]. 中国钼业,2007(2):6~10.

[154] Wu Jun ,Wu Yanqing , Lu Jian ,et al.. Field investigations and laboratory simulation of clogging in Lixi tailings dam of Jinduicheng ,China[J]. Environmental Geology ,2007 ,53 (2):387-397.

[155] 王涛,郭振世.尾矿库危险有害因素辨识及安全管理措施[J].黄金,2008,29(4).

[156] 郭振世,速宝玉,仵彦卿,等.栗西尾矿坝三维渗流控制研究[J]. 西安理工大学学报,2009 ,25 (2):160-163.